SUBSTANCES RADIOACTIVES

PAR Mme SKLODOWSKA CURIE

RECHERCHES

SUR LES

SUBSTANCES RADIOACTIVES.

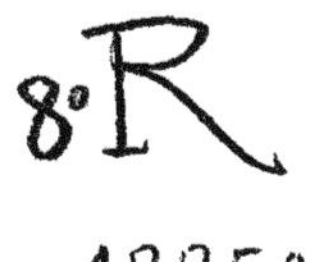

PARIS — IMPRIMERIE GAUTHIER-VILLARS,
34200   Quai des Grands-Augustins, 55.

RECHERCHES

SUR LES

SUBSTANCES RADIOACTIVES.

THÈSE PRÉSENTÉE A LA FACULTÉ DES SCIENCES DE PARIS

POUR OBTENIR LE GRADE DE DOCTEUR ÈS SCIENCES PHYSIQUES;

PAR

Mme SKLODOWSKA CURIE.

DEUXIÈME ÉDITION, REVUE ET CORRIGÉE.

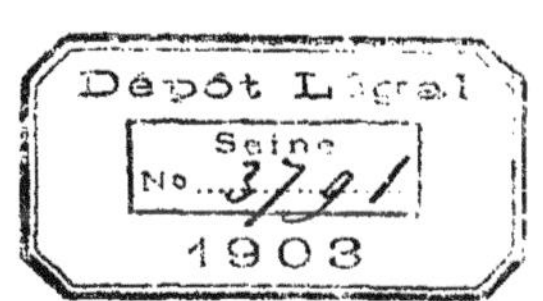

PARIS,

GAUTHIER-VILLARS, IMPRIMEUR-LIBRAIRE

DU BUREAU DES LONGITUDES, DE L'ÉCOLE POLYTECHNIQUE,

Quai des Grands-Augustins, 55.

1904

RECHERCHES

SUR LES

SUBSTANCES RADIOACTIVES.

INTRODUCTION.

Le présent travail a pour but d'exposer les recherches que je poursuis depuis plus de 4 ans sur les substances radioactives. J'ai commencé ces recherches par une étude du rayonnement uranique qui a été découvert par M. Becquerel. Les résultats auxquels ce travail me conduisit parurent ouvrir une voie si intéressante, qu'abandonnant ses travaux en train M. Curie se joignit à moi, et nous réunîmes nos efforts en vue d'aboutir à l'extraction des substances radioactives nouvelles et de poursuivre leur étude.

Dès le début de nos recherches nous avons cru devoir prêter des échantillons des substances découvertes et préparées par nous à quelques physiciens, en premier lieu à M. Becquerel, à qui est due la découverte des rayons uraniques. Nous avons ainsi nous-mêmes facilité les recherches faites par d'autres que nous sur les substances radioactives nouvelles. A la suite de nos premières publications, M. Giesel en Allemagne se mit d'ailleurs aussi à préparer de ces substances et en prêta des échantillons à plusieurs savants allemands. Ensuite ces substances furent mises en vente en France et en Allemagne, et le sujet prenant de plus en plus d'importance donna lieu à un mouvement scientifique, de sorte que de nombreux Mé-

C.   *I*

moires ont paru et paraissent constamment sur les corps
radioactifs, principalement à l'étranger. Les résultats des
divers travaux français et étrangers sont nécessairement
enchevêtrés, comme pour tout sujet d'études nouveau et
en voie de formation. L'aspect de la question se modifie,
pour ainsi dire, de jour en jour.

Cependant, au point de vue chimique, un point est dé-
finitivement établi ; *c'est l'existence d'un élément nouveau fortement radioactif : le radium.* La préparation
du chlorure de radium pur et la détermination du poids
atomique du radium constituent la partie la plus importante de mon travail personnel. En même temps que ce
travail ajoute aux corps simples actuellement connus avec
certitude un nouveau corps simple de propriétés très cu-
rieuses, une nouvelle méthode de recherches chimiques
se trouve établie et justifiée. Cette méthode, basée sur la
radioactivité, considérée comme une propriété atomique
de la matière, est précisément celle qui nous a permis, à
M. Curie et moi, de découvrir l'existence du radium.

Si, au point de vue chimique, la question que nous
nous sommes primitivement posée peut être considérée
comme résolue, l'étude des propriétés physiques des
substances radioactives est en pleine évolution. Certains
points importants ont été établis, mais un grand nombre
de conclusions portent encore le caractère du provisoire.
Cela n'a rien d'étonnant, si l'on considère la complexité
des phénomènes auxquels donne lieu la radioactivité et
les différences qui existent entre les diverses substances
radioactives. Les recherches des divers physiciens qui étu-
dient ces substances viennent constamment se rencontrer
et se croiser. Tout en cherchant à me conformer au but
précis de ce travail et à exposer surtout mes propres recherches, j'ai été obligée d'exposer en même temps les
résultats d'autres travaux dont la connaissance est indis-
pensable.

J'ai d'ailleurs désiré faire de ce travail un Mémoire d'ensemble sur l'état actuel de la question.

J'ai exécuté ce Travail dans les laboratoires de l'École de Physique et de Chimie industrielles de la Ville de Paris avec l'autorisation de Shützenberger, le regretté Directeur de cette École, et de M. Lauth, le Directeur actuel. Je tiens à exprimer ici toute ma reconnaissance pour l'hospitalité bienveillante que j'ai reçue dans cette École.

HISTORIQUE.

La découverte des phénomènes de la radioactivité se rattache aux recherches poursuivies depuis la découverte des rayons Röntgen sur les effets photographiques des substances phosphorescentes et fluorescentes.

Les premiers tubes producteurs de rayons Röntgen étaient des tubes sans anticathode métallique. La source de rayons Röntgen se trouvait sur la paroi de verre frappée par les rayons cathodiques; en même temps cette paroi était vivement fluorescente. On pouvait alors se demander si l'émission de rayons Röntgen n'accompagnait pas nécessairement la production de la fluorescence, quelle que fût la cause de cette dernière. Cette idée a été énoncée tout d'abord par M. Henri Poincaré ([1]).

Peu de temps après, M. Henry annonça qu'il avait obtenu des impressions photographiques au travers du papier noir à l'aide du sulfure de zinc phosphorescent ([2]). M. Niewenglowski obtint le même phénomène avec du sulfure de calcium exposé à la lumière ([3]). Enfin, M. Troost obtint de fortes impressions photographiques avec de la

---

([1]) *Revue générale des Sciences*, 30 janvier 1896.
([2]) *Comptes rendus*, t. CXXII, p. 312.
([3]) *Comptes rendus*, t. CXXII, p. 386.

blende hexagonale artificielle phosphorescente agissant
au travers du papier noir et un gros carton (¹).

Les expériences qui viennent d'être citées n'ont pu
être reproduites malgré les nombreux essais faits dans ce
but. On ne peut donc nullement considérer comme
prouvé que le sulfure de zinc et le sulfure de calcium
soient capables d'émettre, sous l'action de la lumière, des
radiations invisibles qui traversent le papier noir et
agissent sur les plaques photographiques.

M. Becquerel a fait des expériences analogues sur les sels
d'uranium dont quelques-uns sont fluorescents (²). Il
obtint des impressions photographiques au travers du papier noir avec le sulfate double d'uranyle et de potaissum.

M. Becquerel crut d'abord que ce sel, qui est fluorescent, se comportait comme le sulfure de zinc et le
sulfure de calcium dans les expériences de MM. Henry,
Niewenglowski et Troost. Mais la suite de ses expériences montra que le phénomène observé n'était nullement relié à la fluorescence. Il n'est pas nécessaire que le
sel soit éclairé; de plus, l'uranium et tous ses composés,
fluorescents ou non, agissent de même, et l'uranium métallique est le plus actif. M. Becquerel trouva ensuite
qu'en plaçant les composés d'urane dans l'obscurité complète, ils continuent à impressionner les plaques photographiques au travers du papier noir pendant des années.
M. Becquerel admit que l'uranium et ses composés
émettent des rayons particuliers : *rayons uraniques*. Il
prouva que ces rayons peuvent traverser des écrans métalliques minces et qu'ils déchargent les corps électrisés.
Il fit aussi des expériences d'après lesquelles il conclut
que les rayons uraniques éprouvent la réflexion, la réfraction et la polarisation.

(¹) *Comptes rendus*, t. CXXII, p. 564.
(²) BECQUEREL, *Comptes rendus*, 1896 (plusieurs Notes).

Les travaux d'autres physiciens (Elster et Geitel, lord
Kelwin, Schmidt, Rutherford, Beattie et Smoluchowski)
sont venus confirmer et étendre les résultats des recherches
de M. Becquerel, sauf en ce qui concerne la réflexion, la
réfraction et la polarisation des rayons uraniques, lesquels,
à ce point de vue, se comportent comme les rayons
Röntgen, comme cela a été reconnu par M. Rutherford
d'abord, et ensuite par M. Becquerel lui-même.

CHAPITRE I.

RADIOACTIVITÉ DE L'URANIUM ET DU THORIUM. MINÉRAUX RADIOACTIFS.

Rayons de Becquerel. — Les *rayons uraniques,*
découverts par M. Becquerel, impressionnent les plaques
photographiques à l'abri de la lumière; ils peuvent traverser toutes les substances solides, liquides et gazeuses,
à condition que l'épaisseur en soit suffisamment faible; en
traversant les gaz, ils les rendent faiblement conducteurs
de l'électricité (¹).

Ces propriétés des composés d'urane ne sont dues à
aucune cause excitatrice connue. Le rayonnement semble
spontané; il ne diminue point d'intensité quand on conserve les composés d'urane dans l'obscurité complète
pendant des années; il ne s'agit donc pas là d'une phosphorescence particulière produite par la lumière.

La spontanéité et la constance du rayonnement uranique se présentaient comme un phénomène physique
tout à fait extraordinaire. M. Becquerel a conservé un
morceau d'uranium pendant plusieurs années dans l'obscurité, et il a constaté qu'au bout de ce temps l'action sur
la plaque photographique n'avait pas varié sensiblement.
MM. Elster et Geitel ont fait une expérience analogue et
ont trouvé également que l'action était constante (²).

J'ai mesuré l'intensité du rayonnement de l'uranium en

(¹) Becquerel, *Comptes rendus*, 1896 (plusieurs Notes).
(²) Becquerel, *Comptes rendus*, t. CXXVIII, p. 771. — Elster et
Geitel, *Beibl.*, t. XXI, p. 455

ntilisant l'action de ce rayonnement sur la conductibilité
de l'air. La méthode de mesures sera exposée plus loin.
J'ai ainsi obtenu des nombres qui prouvent la constance
du rayonnement dans les limites de précision des expériences, c'est-à-dire à 2 pour 100 ou 3 pour 100 près (¹).

On utilisait pour ces mesures un plateau métallique
recouvert d'une couche d'uranium en poudre; ce plateau
n'était d'ailleurs pas conservé dans l'obscurité, cette condition s'étant montrée sans importance d'après les obser-
vateurs cités précédemment. Le nombre des mesures
effectuées avec ce plateau est très grand, et actuellement
ces mesures portent sur un intervalle de temps de 5 années.

Des recherches furent faites pour reconnaître si d'autres
substances peuvent agir comme les composés d'urane.
M. Schmidt publia le premier que le thorium et ses composés possèdent également cette faculté (²). Un travail
analogue fait en même temps m'a donné le même résultat.
J'ai publié ce travail, n'ayant pas encore eu connaissance
de la publication de M. Schmidt (³).

Nous dirons que l'uranium, le thorium et leurs composés émettent des *rayons de Becquerel*. J'ai appelé *radioactives* les substances qui donnent lieu à une émission de
ce genre (⁴). Ce nom a été depuis généralement adopté.

Par leurs effets photographiques et électriques les rayons
de Becquerel se rapprochent des rayons de Röntgen. Ils
ont aussi, comme ces derniers, la faculté de traverser
toute matière. Mais leur pouvoir de pénétration est extrêmement différent : les rayons de l'uranium et du thorium
sont arrêtés par quelques millimètres de matière solide et
ne peuvent franchir dans l'air une distance supérieure à

(¹) Mme CURIE, *Revue générale des Sciences*, janvier 1899.
(²) SCHMIDT, *Wied. Ann.*, t. LXV, p. 141.
(³) Mme CURIE, *Comptes rendus*, avril 1898.
(⁴) P. CURIE et Mme CURIE, *Comptes rendus*, 18 juillet 1898.

quelques centimètres; tout au moins en est-il ainsi pour la grosse partie du rayonnement.

Les travaux de divers physiciens, et, en premier lieu, de M. Rutherford, ont montré que les rayons de Becquerel n'éprouvent ni réflexion régulière, ni réfraction, ni polarisation (¹).

Le faible pouvoir pénétrant des rayons uraniques et thoriques conduirait à les assimiler aux rayons secondaires qui sont produits par les rayons Röntgen, et dont l'étude a été faite par M. Sagnac (²), plutôt qu'aux rayons Röntgen eux-mêmes.

D'autre part, on peut chercher à rapprocher les rayons de Becquerel de rayons cathodiques se propageant dans l'air (rayons de Lenard). On sait aujourd'hui que ces divers rapprochements sont tous légitimes.

Mesure de l'intensité du rayonnement. — La méthode employée consiste à mesurer la conductibilité acquise par l'air sous l'action des substances radioactives; cette méthode a l'avantage d'être rapide et de fournir des nombres que l'on peut comparer entre eux. L'appareil que j'ai employé à cet effet se compose essentiellement d'un condensateur à plateaux AB (*fig.* 1). La substance active finement pulvérisée est étalée sur le plateau B; elle rend conducteur l'air entre les plateaux. Pour mesurer cette conductibilité, on porte le plateau B à un potentiel élevé, en le reliant à l'un des pôles d'une batterie de petits accumulateurs P, dont l'autre pôle est à la terre. Le plateau A étant maintenu au potentiel du sol par le fil CD, un courant électrique s'établit entre les deux plateaux. Le potentiel du plateau A est indiqué par un électromètre E. Si l'on interrompt en C la communication avec le sol, le plateau A se charge, et cette charge fait dévier l'électromètre. La

---

(¹) Rutherford, *Phil. Mag.*, janvier 1899.
(²) Sagnac, *Comptes rendus*, 1897, 1898, 1899 (plusieurs Notes).

vitesse de la déviation est proportionnelle à l'intensité du courant et peut servir à la mesurer.

Mais il est préférable de faire cette mesure en compensant la charge que prend le plateau A, de manière à maintenir l'électromètre au zéro. Les charges, dont il est

Fig. 1.

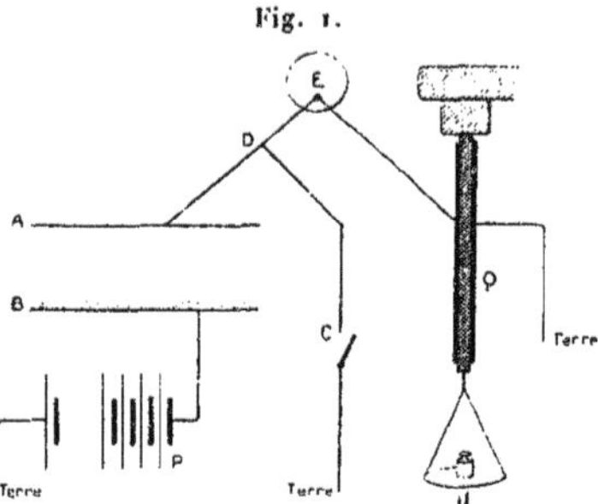

question ici, sont extrêmement faibles; elle peuvent être compensées au moyen d'un quartz piézo-électrique Q, dont une armature est reliée au plateau A, et l'autre armature est à terre. On soumet la lame de quartz à une traction connue produite par des poids placés dans un plateau π; cette traction est établie progressivement et a pour effet de dégager progressivement une quantité d'électricité connue pendant un temps qu'on mesure. L'opération peut être réglée de telle manière, qu'il y ait à chaque instant compensation entre la quantité d'électricité qui traverse le condensateur et celle de signe contraire que fournit le quartz ([1]). On peut ainsi mesurer *en valeur absolue* la

---

([1]) On arrive très facilement à ce résultat en soutenant le poids à la main et en ne le laissant peser que progressivement sur le plateau π, et cela de manière à maintenir l'image de l'électromètre au zéro. Avec un peu d'habitude on prend très exactement le tour de main nécessaire pour réussir cette opération. Cette méthode de mesure des faibles courants a été décrite par M. J. Curie dans sa thèse.

quantité d'électricité qui traverse le condensateur pendant
un temps donné, c'est-à-dire l'*intensité du courant*. La
mesure est indépendante de la sensibilité de l'électromètre.

En effectuant un certain nombre de mesures de ce genre,
on voit que la radioactivité est un phénomène susceptible
d'être mesuré avec une certaine précision. Elle varie peu
avec la température, elle est à peine influencée par les
oscillations de la température ambiante; elle n'est pas
influencée par l'éclairement de la substance active. L'intensité du courant qui traverse le condensateur augmente
avec la surface des plateaux. Pour un condensateur donné
et une substance donnée le courant augmente avec la différence de potentiel qui existe entre les plateaux, avec la
pression du gaz qui remplit le condensateur et avec la
distance des plateaux (pourvu que cette distance ne soit
pas trop grande par rapport au diamètre). Toutefois,
pour de fortes différences de potentiel, le courant tend vers
une valeur limite qui est pratiquement constante. C'est le
courant de saturation ou *courant limite*. De même
pour une certaine distance des plateaux assez grande,
le courant ne varie plus guère avec cette distance. C'est le
courant obtenu dans ces conditions qui a été pris comme
mesure de radioactivité dans mes recherches, le condensateur étant placé dans l'air à la pression atmosphérique.

Voici, à titre d'exemple, des courbes qui représentent
l'intensité du courant en fonction du champ moyen établi
entre les plateaux pour deux distances des plateaux différentes. Le plateau B était recouvert d'une couche mince
d'uranium métallique pulvérisé; le plateau A, réuni à
l'électromètre, était muni d'un anneau de garde.

La figure 2 montre que l'intensité du courant devient
constante pour les fortes différences de potentiel entre
les plateaux. La figure 3 représente les mêmes courbes à
une autre échelle, et comprend seulement les résultats
relatifs aux faibles différences de potentiel. Au début, la

courbe est rectiligne; le quotient de l'intensité du cou-

Fig. 2.

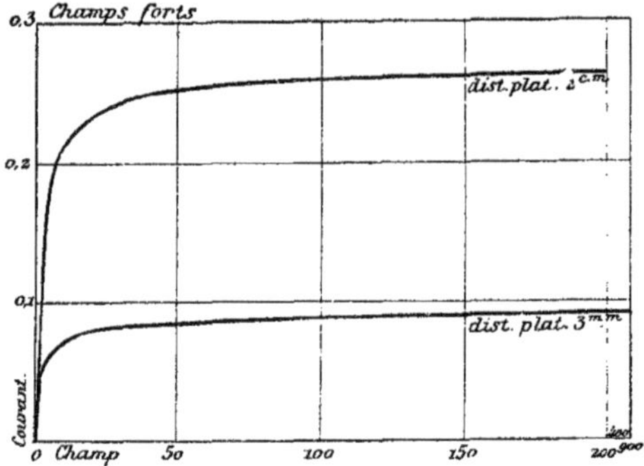

rant par la différence de potentiel est constant pour les

Fig. 3.

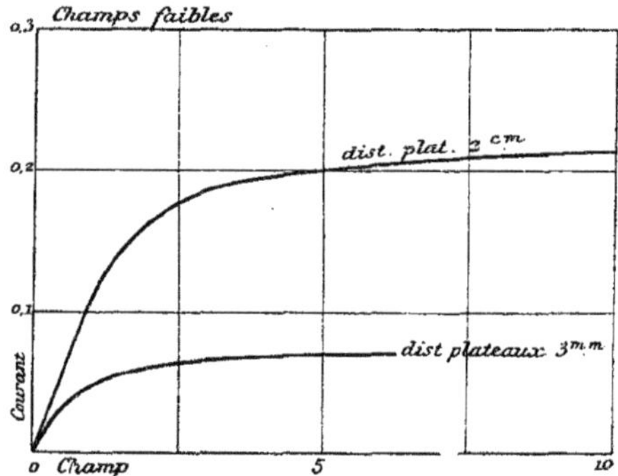

tensions faibles, et représente la conductance initiale
entre les plateaux. On peut donc distinguer deux con-

stantes importantes caractéristiques du phénomène observé : 1° la *conductance initiale* pour différences de potentiel faibles; 2° le *courant limite* pour différences de potentiel fortes. C'est le courant limite qui a été adopté comme mesure de la radioactivité.

En plus de la différence de potentiel que l'on établit entre les plateaux, il existe entre ces derniers une force électromotrice de contact, et ces deux causes de courant ajoutent leurs effets; c'est pourquoi la valeur absolue de l'intensité du courant change avec le signe de la différence de potentiel extérieure. Toutefois, pour des différences de potentiel notables, l'effet de la force électromotrice de contact est négligeable, et l'intensité du courant est alors la même, quel que soit le sens du champ entre les plateaux.

L'étude de la conductibilité de l'air et d'autres gaz soumis à l'action des rayons de Becquerel a été faite par plusieurs physiciens (¹). Une étude très complète du sujet a été publiée par M. Rutherford (²).

Les lois de la conductibilité produite dans les gaz par les rayons de Becquerel sont les mêmes que celles trouvées avec les rayons Röntgen. Le mécanisme du phénomène paraît être le même dans les deux cas. La théorie de l'ionisation des gaz par l'effet des rayons Röntgen ou Becquerel rend très bien compte des faits observés. Cette théorie ne sera pas exposée ici. Je rappellerai seulement les résultats auxquels elle conduit :

1° *Le nombre d'ions produits par seconde dans le gaz* est considéré comme proportionnel à l'énergie de rayonnement absorbée par le gaz;

2° Pour obtenir le courant limite relatif à un rayonne-

(¹) BECQUEREL, *Comptes rendus,* t. CXXIV, p. 800, 1897. — KELWIN, BEATTIE et SMOLAN, *Nature,* t. LVI, 1897. — BEATTIE et SMOLUCHOWSKI, *Phil. Mag.,* t. XLIII, p. 418.
(²) RUTHERFORD, *Phil. Mag.,* janvier 1899.

ment donné, il faut, d'une part, faire absorber intégralement ce rayonnement par le gaz, en employant une masse absorbante suffisante ; d'autre part, il faut utiliser pour la production du courant tous les ions créés, en établissant un champ électrique assez fort pour que le nombre des ions qui se recombinent devienne une fraction insignifiante du nombre total des ions produits dans le même temps, qui sont presque tous entraînés par le courant et amenés aux électrodes. Le champ électrique moyen nécessaire pour obtenir ce résultat est d'autant plus élevé que l'ionisation est plus forte.

D'après des recherches récentes de M. Townsend, le phénomène est plus complexe quand la pression du gaz est faible. Le courant semble d'abord tendre vers une valeur limite constante quand la différence de potentiel augmente ; mais, à partir d'une certaine différence de potentiel, le courant recommence à croître avec le champ, et cela avec une rapidité très grande. M. Townsend admet que cet accroissement est dû à une ionisation nouvelle produite par les ions eux-mêmes quand ceux-ci, sous l'action du champ électrique, prennent une vitesse suffisante pour qu'une molécule du gaz, rencontrée par un de ces projectiles, se trouve brisée et divisée en ses ions constituants. Un champ électrique intense et une pression faible favorisent cette ionisation par les ions déjà présents, et, aussitôt que celle-ci commence à se produire, l'intensité du courant croît constamment avec le champ moyen entre les plateaux (¹). Le courant limite ne saurait donc être obtenu qu'avec des causes ionisantes, dont l'intensité ne dépasse pas une certaine valeur, de telle façon que la saturation corresponde à des champs pour lesquels l'ionisation par choc des ions ne peut encore avoir lieu. Cette condition se trouvait réalisée dans mes expériences.

(¹) Townsend, *Phil. Mag.*, 1901, 6ᵉ série, t. I, p. 198.

L'ordre de grandeur des courants de saturation que l'on obtient avec les composés d'urane est de 10^{-11} ampères pour un condensateur dont les plateaux ont 8^{cm} de diamètre et sont distants de 3^{cm}. Les composés de thorium donnent lieu à des courants du même ordre de grandeur, et l'activité des oxydes d'uranium et de thorium est très analogue.

Radioactivité des composés d'uranium et de thorium. — Voici les nombres que j'ai obtenus avec divers composés d'urane; je désigne par i l'intensité du courant en ampères :

	$i \times 10^{11}$.
Uranium métallique (contenant un peu de carbone)	2,3
Oxyde d'urane noir U^2O^5.	2,6
Oxyde d'urane vert U^3O^4	1,8
Acide uranique hydraté	0,6
Uranate de sodium	1,2
Uranate de potassium	1,2
Uranate d'ammonium	1,3
Sulfate uraneux	0,7
Sulfate d'uranyle et de potassium	0,7
Azotate d'uranyle	0,7
Phosphate de cuivre et d'uranyle	0,9
Oxysulfure d'urane	1,2

L'épaisseur de la couche du composé d'urane employé a peu d'influence, pourvu que la couche soit continue. Voici quelques expériences à ce sujet :

	Épaisseur de la couche.	$i \times 10^{11}$.
	mm	
Oxyde d'urane	0,5	2,7
»	3,0	3,0
Uranate d'ammonium	0,5	1,3
»	3,0	1,4

On peut conclure de là, que l'absorption des rayons uraniques par la matière qui les émet est très forte, puisque les rayons venant des couches profondes ne peuvent pas produire d'effet notable.

Les nombres que j'ai obtenus avec les composés de thorium ([1]) m'ont permis de constater :

1° Que l'épaisseur de la couche employée a une action considérable, surtout avec l'oxyde;

2° Que le phénomène n'est régulier que si l'on emploie une couche active mince (0^{mm},25 par exemple). Au contraire, quand on emploie **une** couche de matière épaisse (6^{mm}), on obtient **des** nombres oscillant entre des limites étendues, surtout dans le cas de l'oxyde :

	Épaisseur de la couche.	$i \times 10^{11}$.
	mm	
Oxyde de thorium ...	0,25	2,2
» ...	0,5	2,5
» ...	2,5	4,7
» ...	3,0	5,5 en moyenne
» ...	6,0	5,5 »
Sulfate de thorium...	0,25	0,8

Il y a dans la nature du phénomène une cause d'irrégularités qui n'existe pas dans le cas des composés d'urane. Les nombres obtenus pour une couche d'oxyde de 6^{mm} d'épaisseur variaient entre 3,7 et 7,3.

Les expériences que j'ai faites sur l'absorption des rayons uraniques et thoriques ont montré que les rayons thoriques sont plus pénétrants que les rayons uraniques et que les rayons émis par l'oxyde de thorium en couche épaisse sont plus pénétrants que ceux qu'il émet en couche mince. Voici, par exemple, les nombres qui

---

([1]) Mme CURIE, *Comptes rendus*, avril 1898.

indiquent la fraction du rayonnement que transmet une
lame d'aluminium dont l'épaisseur est $0^{mm},01$:

	Substance rayonnante.		Fraction du rayonnement transmise par la lame.
Uranium			0,18
Oxyde d'urane U^2O^3			0,20
Uranate d'ammonium			0,20
Phosphate d'urane et de cuivre			0,21
Oxyde de thorium sous épaisseur.		0,25	0,38
»	»	0,5	0,47
»	»	3,0	0,70
»	»	6,0	0,70
Sulfate de thorium		0,25	0,38

Avec les composés d'urane, l'absorption est la même
quel que soit le composé employé, ce qui porte à croire
que les rayons émis par les divers composés sont de même
nature.

Les particularités de la radiation thorique ont été l'objet de publications très complètes. M. Owens [1] a montré que la constance du courant n'est obtenue qu'au bout
d'un temps assez long en appareil clos, et que l'intensité
du courant est fortement réduite par l'action d'un courant
d'air (ce qui n'a pas lieu pour les composés d'uranium).
M. Rutherford a fait des expériences analogues et les a
interprétées en admettant que le thorium et ses composés
émettent non seulement des rayons de Becquerel, mais
encore une *émanation,* constituée par des particules
extrêmement ténues, qui restent radioactives pendant
quelque temps après leur émission et peuvent être entraî-
nées par un courant d'air [2].

(¹) OWENS, *Phil. Mag.*, octobre 1899.
(²) RUTHERFORD, *Phil. Mag.*, janvier 1900.

Les caractères de la radiation thorique qui sont relatifs à l'influence de l'épaisseur de la couche employée et à l'action des courants d'air ont une liaison étroite avec le phénomène de la *radioactivité induite et de sa propagation de proche en proche*. Ce phénomène a été observé pour la première fois avec le radium et sera décrit plus loin.

La radioactivité des composés d'uranium et de thorium se présente comme une *propriété atomique*. M. Becquerel avait déjà observé que tous les composés d'uranium sont actifs et avait conclu que leur activité était due à la présence de l'élément uranium ; il a montré également que l'uranium était plus actif que ses sels ([1]). J'ai étudié à ce point de vue les composés de l'uranium et du thorium et j'ai fait un grand nombre de mesures de leur activité dans diverses conditions. Il résulte de l'ensemble de ces mesures que la radioactivité de ces substances est bien effectivement une propriété atomique. Elle semble ici liée à la présence des atomes des deux éléments considérés et n'est détruite ni par les changements d'état physique ni par les transformations chimiques. Les combinaisons chimiques et les mélanges contenant de l'uranium ou du thorium sont d'autant plus actifs qu'ils contiennent une plus forte proportion de ces métaux, toute matière inactive agissant à la fois comme matière inerte et matière absorbant le rayonnement.

La radioactivité atomique est-elle un phénomène général? — Comme il a été dit plus haut, j'ai cherché si d'autres substances que les composés d'uranium et de thorium étaient radioactives. J'ai entrepris cette recherche dans l'idée qu'il était fort peu probable que la radioactivité, considérée comme propriété atomique, appartint à

([1]) Becquerel, *Comptes rendus.* t. CXXII, p. 1086.

C.   2

une certaine espèce de matière, à l'exclusion de toute
autre. Les mesures que j'ai faites me permettent de dire
que pour les éléments chimiques actuellement considérés
comme tels, y compris les plus rares et les plus hypothé-
tiques, les composés étudiés par moi ont été toujours au
moins 100 fois moins actifs dans mon appareil que l'uranium métallique. Dans le cas des éléments répandus, j'ai
étudié plusieurs composés; dans le cas des corps rares, j'ai
étudié les composés que j'ai pu me procurer.

Voici la liste des substances qui ont fait partie de mon
étude sous forme d'élément ou de combinaison :

1° Tous les métaux ou métalloïdes que l'on trouve facilement et quelques-uns, plus rares, produits purs, provenant de la collection de M. Etard, à l'École de Physique
et de Chimie industrielles de la Ville de Paris.

2° Les corps rares suivants : gallium, germanium, néo-
dyme, praséodyme, niobium, scandium, gadolinium,
erbium, samarium et rubidium (échantillons prêtés par
M. Demarçay); yttrium, ytterbium avec nouvel erbium
[échantillons prêtés par M. Urbain ([1])];

3° Un grand nombre de roches et de minéraux.

Dans les limites de sensibilité de mon appareil je n'ai
pas trouvé de substance simple autre que l'uranium et le
thorium, qui soit douée de radioactivité atomique. Il convient toutefois de dire quelques mots sur ce qui est relatif
au phosphore. Le phosphore blanc humide, placé entre
les plateaux du condensateur, rend conducteur l'air entre
les plateaux ([2]). Toutefois, je ne considère pas ce corps
comme radioactif à la façon de l'uranium et du thorium.

([1]) Je suis très reconnaissante aux savants cités plus haut, auxquels
je dois les échantillons qui ont servi pour mon étude. Je remercie
également M. Moissan qui a bien voulu donner pour cette étude de
l'uranium métallique.

([2]) ELSTER et GEITEL, *Wied. Ann.*, 1890.

Le phosphore, en effet, dans ces conditions, s'oxyde et
émet des rayons lumineux, tandis que les composés d'uranium et de thorium sont radioactifs sans éprouver aucune
modification chimique appréciable par les moyens connus.
De plus, le phosphore n'est actif ni à l'état de phosphore
rouge, ni à l'état de combinaison.

Dans un travail récent, M. Bloch vient de montrer que
le phosphore, en s'oxydant en présence de l'air, donne
naissance à des ions très peu mobiles qui rendent l'air
conducteur et provoquent la condensation de la vapeur
d'eau ([1]).

Certains travaux récents conduiraient à admettre que la
radioactivité appartient à toutes les substances à un degré
extrêmement faible ([2]). L'identité de ces phénomènes très
faibles avec les phénomènes de la radioactivité atomique
ne peut encore être considérée comme établie.

L'uranium et le thorium sont les deux éléments qui
possèdent les plus forts poids atomiques (240 et 232), ils
se rencontrent fréquemment dans les mêmes minéraux.

Minéraux radioactifs. — J'ai examiné dans mon appareil plusieurs minéraux ([3]); certains d'entre eux se sont
montrés actifs, entre autres la pechblende, la chalcolite,
l'autunite, la monazite, la thorite, l'orangite, la ferguso-
nite, la cléveïte, etc. Voici un Tableau qui donne en ampères l'intensité i du courant obtenu avec l'uranium
métallique et avec divers minéraux :

$$i \times 10^{11}.$$

Uranium	2,3
Pechblende de Johanngeorgenstadt....	8,3
» de Joachimsthal	7,0

([1]) Bloch, *Société de Physique*, 6 février 1903.
([2]) Mac Lennan et Burton, *Phil. Mag.*, juin 1903. — Strutt, *Phil.
Mag.*, juin 1903. — Lester Cooke, *Phil. Mag.*, octobre 1903.
([3]) Plusieurs échantillons de minéraux de la collection du Muséum
ont été obligeamment mis à ma disposition par M. Lacroix.

	$t \times 10^{11}$.
Pechblende de Pzibran...............	6,5
» de Cornwallis............	1,6
Clévéite...........................	1,4
Chalcolite.........................	5,2
Autunite...........................	2,7
Thorites diverses..................	0,1
	0,3
	0,7
	1,3
	1,4
Orangite...........................	2,0
Monazite...........................	0,5
Xenotime...........................	0,03
Aeschynite.........................	0,7
Fergusonite, 2 échantillons........	0,4
	0,1
Samarskite	1,1
Niobite, 2 échantillons............	0,1
	0,3
Tantalite..........................	0,02
Carnotite ([1])...................	6,2

Le courant obtenu avec l'orangite (minerai d'oxyde de thorium) variait beaucoup avec l'épaisseur de la couche employée. En augmentant cette épaisseur depuis $0^{mm},25$ à 6^{mm}, on faisait croître le courant de 1,8 à 2,3.

Tous les minéraux qui se montrent radioactifs contiennent de l'uranium ou du thorium; leur activité n'a donc rien d'étonnant, mais l'intensité du phénomène pour certains minéraux est inattendue. Ainsi, on trouve des pechblendes (minerais d'oxyde d'urane) qui sont 4 fois plus actives que l'uranium métallique. La chalcolite (phosphate de cuivre et d'urane cristallisé) est 2 fois plus active que l'uranium. L'autunite (phosphate d'urane et de chaux) est aussi active que l'uranium. Ces faits étaient en désac-

---

([1]) La carnotite est un minerai de vanadate d'urane récemment découvert par Friedel et Cumenge.

cord avec les considérations précédentes, d'après lesquelles aucun minéral n'aurait dû se montrer plus actif
que l'uranium ou le thorium.

Pour éclaircir ce point, j'ai préparé de la chalcolite
artificielle par le procédé de Debray, en partant de produits purs. Ce procédé consiste à mélanger une dissolution d'azotate d'uranyle avec une dissolution de phosphate
de cuivre dans l'acide phosphorique, et à chauffer vers 50°
ou 60°. Au bout de quelque temps, des cristaux de chalcolite se forment dans la liqueur ([1]). La chalcolite ainsi
obtenue possède une activité tout à fait normale, étant
donnée sa composition ; elle est deux fois et demie moins
active que l'uranium.

Il devenait dès lors très probable que si la pechblende,
la chalcolite, l'autunite ont une activité si forte, c'est que
ces substances renferment en petite quantité une matière
fortement radioactive, différente de l'uranium, du thorium et des corps simples actuellement connus. J'ai pensé
que, s'il en était effectivement ainsi, je pouvais espérer
extraire cette substance du minerai par les procédés ordinaires de l'analyse chimique.

([1]) DEBRAY, *Ann. de Chim. et de Phys.*, 3ᵉ série, t. LXI, p. 445.

CHAPITRE II.

LES NOUVELLES SUBSTANCES RADIOACTIVES.

Méthode de recherches. — Les résultats de l'étude des minéraux radioactifs, énoncés dans le Chapitre précédent, nous ont engagés, M. Curie et moi, à chercher à extraire de la pechblende une nouvelle substance radioactive. Notre méthode de recherches ne pouvait être basée que sur la radioactivité, puisque nous ne connaissions aucun autre caractère de la substance hypothétique. Voici comment on peut se servir de la radioactivité pour une recherche de ce genre. On mesure la radioactivité d'un produit, on effectue sur ce produit une séparation chimique; on mesure la radioactivité de tous les produits obtenus, et l'on se rend compte si la substance radioactive est restée intégralement avec l'un d'eux, ou bien si elle s'est partagée entre eux et dans quelle proportion. On a ainsi une indication qui peut être comparée, en une certaine mesure, à celle que pourrait fournir l'analyse spectrale. Pour avoir des nombres comparables, il faut mesurer l'activité des substances à l'état solide et bien desséchées.

Polonium, radium, actinium. — L'analyse de la pechblende, avec le concours de la méthode qui vient d'être exposée, nous a conduits à établir l'existence, dans ce minéral, de deux substances fortement radioactives, chimiquement différentes : le *polonium,* trouvé par nous, et le *radium,* que nous avons découvert en collaboration avec M. Bémont ([1]).

([1]) P. Curie et Mᵐᵉ Curie, *Comptes rendus,* juillet 1898. — P. Curie, Mᵐᵉ Curie et G. Bémont, *Comptes rendus,* décembre 1898.

Le *polonium* est une substance voisine du bismuth au point de vue analytique et l'accompagnant dans les séparations. On obtient du bismuth de plus en plus riche en polonium par l'un des procédés de fractionnement suivants :

1° Sublimation des sulfures dans le vide; le sulfure actif est beaucoup plus volatil que le sulfure de bismuth.

2° Précipitation des solutions azotiques par l'eau; le sous-nitrate précipité est beaucoup plus actif que le sel qui reste dissous.

3° Précipitation par l'hydrogène sulfuré d'une solution chlorhydrique extrêmement acide; les sulfures précipités sont considérablement plus actifs que le sel qui reste dissous.

Le *radium* est une substance qui accompagne le baryum retiré de la pechblende; il suit le baryum dans ses réactions et s'en sépare par différence de solubilité des chlorures dans l'eau, l'eau alcoolisée ou l'eau additionnée d'acide chlorhydrique. Nous effectuons la séparation des chlorures de baryum et de radium, en soumettant leur mélange à une cristallisation fractionnée, le chlorure de radium étant moins soluble que celui de baryum.

Une troisième substance fortement radioactive a été caractérisée dans la pechblende par M. Debierne, qui lui a donné le nom d'*actinium* (¹). L'actinium accompagne certains corps du groupe du fer contenus dans la pechblende; il semble surtout voisin du thorium dont il n'a pu encore être séparé. L'extraction de l'actinium de la pechblende est une opération très pénible, les séparations étant généralement incomplètes.

Toutes les trois substances radioactives nouvelles se

(¹) Debierne, *Comptes rendus*, octobre 1899 et avril 1900.

trouvent dans la pechblende en quantité absolument infinitésimale. Pour les obtenir à l'état concentré, nous avons été obligés d'entreprendre le traitement de plusieurs tonnes de résidus de minerai d'urane. Le gros traitement se fait dans une usine; il est suivi de tout un travail de purification et de concentration. Nous arrivons ainsi à extraire de ces milliers de kilogrammes de matière, première quelques décigrammes de produits qui sont prodigieusement actifs par rapport au minerai dont ils proviennent. Il est bien évident que l'ensemble de ce travail est long, pénible et coûteux (¹).

D'autres substances radioactives nouvelles ont encore été signalées à la suite de notre travail. M. Giesel, d'une part, MM. Hoffman et Strauss, d'autre part, ont annoncé l'existence probable d'une substance radioactive voisine du plomb par ses propriétés chimiques. On ne possède encore que peu de renseignements sur cette substance (²).

De toutes les substances radioactives nouvelles, le

(¹) Nous avons de nombreuses obligations envers tous ceux qui nous sont venus en aide dans ce travail. Nous remercions bien sincèrement MM. Mascart et Michel Lévy pour leur appui bienveillant. Grâce à l'intervention bienveillante de M. le professeur Suess, le gouvernement autrichien a mis gracieusement à notre disposition la première tonne de résidu traitée (provenant de l'usine de l'État, à Joachimsthal, en Bohème). L'Académie des Sciences de Paris, la Société d'Encouragement pour l'Industrie nationale, un donateur anonyme, nous ont fourni le moyen de traiter une certaine quantité de produit. Notre ami, M. Debierne, a organisé le traitement du minerai, qui a été effectué dans l'usine de la Société centrale de Produits chimiques. Cette Société a consenti à effectuer le traitement sans y chercher de bénéfice. A tous nous adressons nos remercîments bien sincères.

Plus récemment, l'Institut de France a mis à notre disposition une somme de 20 000ᶠʳ pour l'extraction des matières radioactives. Grâce à cette somme, nous avons pu mettre en train le traitement de 5ᵗ de minerai.

(²) GIESEL, *Ber. deutsch. chem. Gesell.*, t. XXXIV, 1901, p. 3775. — HOFFMANN et STRAUSS, *Ber. deutsch. chem. Gesell.*, t. XXXIII, 1900, p. 3126.

radium est, jusqu'à présent, la seule qui ait été isolée à
l'état de sel pur.

Spectre du radium. — Il était de première importance de contrôler, par tous les moyens possibles, l'hypothèse, faite dans ce travail, de l'existence d'éléments
nouveaux radioactifs. L'analyse spectrale est venue, dans
le cas du radium, confirmer d'une façon complète cette
hypothèse.

M. Demarçay a bien voulu se charger de l'examen des
substances radioactives nouvelles, par les procédés rigou-
reux qu'il emploie dans l'étude des spectres d'étincelle
photographiés.

Le concours d'un savant aussi compétent a été pour
nous un grand bienfait, et nous lui gardons une reconnaissance profonde d'avoir consenti à faire ce travail. Les
résultats de l'analyse spectrale sont venus nous apporter
la certitude, alors que nous étions encore dans le doute
sur l'interprétation des résultats de nos recherches ([1]).

Les premiers échantillons de chlorure de baryum
radifère médiocrement actif, examinés par Demarçay, lui
montrèrent, en même temps que les raies du baryum,
une raie nouvelle d'intensité notable et de longueur d'onde
$\lambda = 381^{\mu\mu},47$ dans le spectre ultra-violet. Avec des produits plus actifs, préparés ensuite, Demarçay vit la raie
$381^{\mu\mu},47$ se renforcer; en même temps d'autres raies
nouvelles apparurent, et dans le spectre les raies nouvelles
et les raies du baryum avaient des intensités comparables.
Une nouvelle concentration a fourni un produit, pour

([1]) Tout récemment, nous avons eu la douleur de voir mourir ce
savant si distingué, alors qu'il poursuivait ses belles recherches sur
les terres rares et sur la spectroscopie, par des méthodes dont on ne
saurait trop admirer la perfection et la précision. Nous conservons un
souvenir ému de la parfaite obligeance avec laquelle il avait consenti
à prendre part à notre travail.

lequel le nouveau spectre domine, et les trois plus fortes
raies du baryum, seules visibles, indiquent seulement la
présence de ce métal à l'état d'impureté. Ce produit peut
être considéré comme du chlorure de radium à peu près
pur. Enfin j'ai pu, par une nouvelle purification, obtenir
un chlorure extrêmement pur, dans le spectre duquel
les deux raies dominantes du baryum sont à peine visibles.

Voici, d'après Demarçay ([1]), la liste des raies principales du radium pour la portion du spectre comprise
entre $\lambda = 500,0$ et $\lambda = 350,0$ millièmes de micron ($\mu\mu$).
L'intensité de chaque raie est indiquée par un nombre,
la plus forte raie étant marquée 16.

λ.	Intensité.	λ.	Intensité.
482,63	10	453,35	9
472,69	5	443,61	8
469,98	3	434,06	12
469,21	7	381,47	16
468,30	14	364,96	12
464,19	4		

Toutes les raies sont nettes et étroites, les trois raies
381,47, 468,30 et 434,06 sont fortes; elles atteignent
l'égalité avec les raies les plus intenses actuellement
connues. On aperçoit également dans le spectre deux
bandes nébuleuses fortes. La première, symétrique,
s'étend de 463,10 à 462,19 avec maximum à 462,75. La
deuxième, plus forte, est dégradée vers l'ultra-violet; elle
commence brusquement à 446,37, passe par un maximum
à 445,52; la région du maximum s'étend jusqu'à 445,34,
puis une bande nébuleuse, graduellement dégradée, s'étend
jusque vers 439.

Dans la partie la moins réfrangible non photogra-
phiée du spectre d'étincelle, la seule raie notable est

([1]) DEMARÇAY, *Comptes rendus*, décembre 1898, novembre 1899 et
juillet 1900.

la raie 566,5 (environ), bien plus faible cependant que 482,63.

L'aspect général du spectre est celui des métaux alcalino-terreux; on sait que ces métaux ont des spectres de raies fortes avec quelques bandes nébuleuses.

D'après Demarçay, le radium peut figurer parmi les corps ayant la réaction spectrale la plus sensible. J'ai, d'ailleurs, pu conclure, d'après mon travail de concentration, que, dans le premier échantillon examiné qui montrait nettement la raie 3814,7, la proportion de radium devait être très faible (peut-être de 0,02 pour 100). Cependant, il faut une activité 50 fois plus grande que celle de l'uranium métallique pour apercevoir nettement la raie principale du radium dans les spectres photographiés. Avec un électromètre sensible, on peut déceler la radioactivité d'un produit quand elle n'est que $\frac{1}{100}$ de celle de l'uranium métallique. On voit que, pour déceler la présence du radium, la radioactivité est un caractère plusieurs milliers de fois plus sensible que la réaction spectrale.

Le bismuth à polonium très actif et le thorium à actinium très actif, examinés par Demarçay, n'ont encore respectivement donné que les raies du bismuth et du thorium.

Dans une publication récente, M. Giesel ([1]), qui s'est occupé de la préparation du radium, annonce que le bromure de radium donne lieu à une coloration carmin de la flamme. Le spectre de flamme du radium contient deux belles bandes rouges, une raie dans le bleu vert et deux lignes faibles dans le violet.

Extraction des substances radioactives nouvelles. — La première partie de l'opération consiste à extraire des

---

([1]) GIESEL, *Phys. Zeitschrift*, 15 septembre 1902.

minerais d'urane le baryum radifère, le bismuth polonifère et les terres rares contenant l'actinium. Ces trois premiers produits ayant été obtenus, on cherche, pour
chacun d'eux, à isoler la substance radioactive nouvelle.
Cette deuxième partie du traitement se fait par une méthode de fractionnement. On sait qu'il est difficile de
trouver un moyen de séparation très parfait entre des éléments très voisins; les méthodes de fractionnement sont
donc tout indiquées. D'ailleurs, quand un élément se
trouve mélangé à un autre à l'état de trace, on ne peut
appliquer au mélange une méthode de séparation parfaite, même en admettant que l'on en connaisse une; on
risquerait, en effet, de perdre la trace de matière qui
aurait pu être séparée dans l'opération.

Je me suis occupée spécialement du travail ayant pour
but l'isolement du radium et du polonium. Après un travail de quelques années, je n'ai encore réussi que pour le
premier de ces corps.

La pechblende étant un minerai coûteux, nous avons
renoncé à en traiter de grandes quantités. En Europe,
l'extraction de ce minerai se fait dans la mine de Joachimsthal, en Bohême. Le minerai broyé est grillé avec
du carbonate de soude, et la matière résultant de ce traitement est lessivée d'abord à l'eau chaude, puis à l'acide
sulfurique étendu. La solution contient l'uranium qui
donne à la pechblende sa valeur. Le résidu insoluble est
rejeté.

Ce résidu contient des substances radioactives; son
activité est 4 fois et demie plus grande que celle de l'uranium métallique. Le gouvernement autrichien, auquel
appartient la mine, nous a gracieusement donné une
tonne de ce résidu pour nos recherches, et a autorisé la
mine à nous fournir plusieurs autres tonnes de cette matière.

Il n'était guère facile de faire le premier traitement

du résidu à l'usine par les mêmes procédés qu'au laboratoire. M. Debierne a bien voulu étudier cette question et organiser le traitement dans l'usine. Le point le plus important de la méthode qu'il a indiquée consiste à obtenir la transformation des sulfates en carbonates par l'ébullition de la matière avec une dissolution concentrée de carbonate de soude. Ce procédé permet d'éviter la fusion avec le carbonate de soude.

Le résidu contient principalement des sulfates de plomb et de chaux, de la silice, de l'alumine et de l'oxyde de fer. On y trouve, en outre, en quantité plus ou moins grande, presque tous les métaux (cuivre, bismuth, zinc, cobalt, manganèse, nickel, vanadium, antimoine, thallium, terres rares, niobium, tantale, arsenic, baryum, etc.). Le radium se trouve, dans ce mélange, à l'état de sulfate et en constitue le sulfate le moins soluble. Pour le mettre en dissolution, il faut éliminer autant que possible l'acide sulfurique. Pour cela, on commence par traiter le résidu par une solution concentrée et bouillante de soude ordinaire. L'acide sulfurique *combiné au plomb, à l'alumine, à la chaux, passe, en grande partie, en dissolution à l'état de sulfate de soude que l'on enlève par des lavages à l'eau. La dissolution alcaline enlève en même temps du plomb, de la silice, de l'alumine. La portion insoluble lavée à l'eau est attaquée par l'acide chlorhydrique ordinaire. Cette opération désagrège complètement la matière et en dissout une grande partie. De cette dissolution on peut retirer le polonium et l'actinium : le premier est précipité par l'hydrogène sulfuré, le second se trouve dans les hydrates précipités par l'ammoniaque dans la dissolution séparée des sulfures et peroxydée. Quant au radium, il reste dans la portion insoluble. Cette portion est lavée à l'eau, puis traitée par une dissolution concentrée et bouillante de carbonate de soude. S'il ne restait plus que peu de sulfates non attaqués, cette opéra-

tion a pour effet de transformer complètement les sulfates de baryum et de radium en carbonates. On lave
alors la matière très complètement à l'eau, puis on l'attaque par l'acide chlorhydrique étendu exempt d'acide
sulfurique. La dissolution contient le radium, ainsi que
du polonium et de l'actinium. On la filtre et on la précipite par l'acide sulfurique. On obtient ainsi des sulfates
bruts de baryum radifère contenant aussi de la chaux, du
plomb, du fer et ayant aussi entraîné un peu d'actinium.
La dissolution contient encore un peu d'actinium et de
polonium qui peuvent en être retirés comme de la première dissolution chlorhydrique.

On retire d'une tonne de résidu de 10^{kg} à 20^{kg} de sulfates bruts, dont l'activité est de 3o à 6o fois plus grande
que celle de l'uranium métallique. On procède à leur purification. Pour cela, on les fait bouillir avec du carbonate de soude et on les transforme en chlorures. La dissolution est traitée par l'hydrogène sulfuré, ce qui donne
une petite quantité de sulfures actifs contenant du polonium. On filtre la dissolution, on la peroxyde par l'action du chlore et on la précipite par de l'ammoniaque
pure.

Les oxydes et hydrates précipités sont très actifs, et
l'activité est due à l'actinium. La dissolution filtrée est
précipitée par le carbonate de soude. Les carbonates alcalino-terreux précipités sont lavés et transformés en chlorures.

Ces chlorures sont évaporés à sec et lavés avec de
l'acide chlorhydrique concentré pur. Le chlorure de calcium se dissout presque entièrement, alors que le chlorure de baryum radifère reste insoluble. On obtient ainsi,
par tonne de matière première, 8^{kg} environ de chlorure
de baryum radifère, dont l'activité est environ 6o fois plus
grande que celle de l'uranium métallique. Ce chlorure est
prêt pour le fractionnement.

Polonium. — Comme il a été dit plus haut, en faisant passer l'hydrogène sulfuré dans les diverses dissolutions chlorhydriques obtenues au cours du traitement, on précipite des sulfures actifs dont l'activité est due au polonium.

Ces sulfures contiennent principalement du bismuth, un peu de cuivre et de plomb; ce dernier métal ne s'y trouve pas en forte proportion, parce qu'il a été en grande partie enlevé par la *dissolution sodique*, et parce que son chlorure est peu soluble. L'antimoine et l'arsenic ne se trouvent dans les oxydes qu'en quantité minime, leurs oxydes ayant été dissous par la soude. Pour avoir de suite des sulfures très actifs, on employait le procédé suivant : les dissolutions chlorhydriques très acides étaient précipitées par l'hydrogène sulfuré: les sulfures qui se précipitent dans ces conditions sont très actifs, on les emploie pour la préparation du polonium; dans la dissolution il reste des substances dont la précipitation est incomplète en présence d'un excès d'acide chlorhy-drique (bismuth, plomb, antimoine). Pour achever la précipitation, on étend la dissolution d'eau, on la traite à nouveau par l'hydrogène sulfuré et l'on obtient une seconde portion de sulfures beaucoup moins actifs que les premiers, et qui, généralement, ont été rejetés. Pour la purification ultérieure des sulfures, on les lave au sulfure d'ammonium, ce qui enlève les traces restantes d'antimoine et d'arsenic. Puis on les lave à l'eau additionnée d'azotate d'ammonium et on les traite par l'acide azotique étendu.

La dissolution n'est jamais complète; on obtient toujours un résidu insoluble plus ou moins important que l'on traite à nouveau si on le juge utile. La dissolution est réduite à un petit volume et précipitée soit par l'ammoniaque, soit par beaucoup d'eau. Dans les deux cas le plomb et le cuivre restent en dissolution; dans le second cas un peu de bismuth à peine actif reste dissous également.

Le précipité d'oxydes ou de sous-azotates est soumis à un fractionnement de la manière suivante : on dissout le précipité dans l'acide azotique, on ajoute de l'eau à la dissolution, jusqu'à formation d'une quantité suffisante de précipité; pour cette opération il faut tenir compte de ce que le précipité ne se forme, quelquefois, qu'au bout d'un certain temps. On sépare le précipité du liquide surnageant, on le redissout dans l'acide azotique; sur les deux portions liquides ainsi obtenues on refait une précipitation par l'eau, et ainsi de suite. On réunit les diverses portions en se basant sur leur activité, et l'on tâche de pousser la concentration aussi loin que possible. On obtient ainsi une très petite quantité de matière dont l'activité est énorme, mais qui, néanmoins, n'a encore donné au spectroscope que les raies du bismuth.

On a malheureusement peu de chances d'aboutir à l'isolement du polonium par cette voie. La méthode de fractionnement qui vient d'être décrite présente de grandes difficultés, et il en est de même pour d'autres procédés de fractionnement par voie humide. Quel que soit le procédé employé, il se forme avec la plus grande facilité des composés absolument insolubles dans les acides étendus ou concentrés. Ces composés ne peuvent être redissous qu'en les ramenant préalablement à l'état métallique, par la fusion avec le cyanure de potassium, par exemple.

Étant donné le nombre considérable des opérations à effectuer, cette circonstance constitue une difficulté énorme pour le progrès du fractionnement. Cet inconvénient est d'autant plus grave que le polonium est une substance qui, une fois retirée de la pechblende, diminue d'activité.

Cette baisse d'activité est d'ailleurs lente; c'est ainsi

qu'un échantillon de nitrate de bismuth à polonium a
perdu la moitié de son activité en onze mois.

Aucune difficulté analogue ne se présente pour le radium. La radioactivité reste un guide fidèle pour la concentration; cette concentration elle-même ne présente
aucune difficulté, et les progrès du travail ont pu, depuis le
début, être constamment contrôlés par l'analyse spectrale.

Quand les phénomènes de la radioactivité induite, dont
il sera question plus loin, ont été connus, il a paru natu-
rel d'admettre que le polonium, qui ne donne que les raies
du bismuth et dont l'activité diminue avec le temps, n'est
pas un élément nouveau, mais du bismuth activé par le
voisinage du radium dans la pechblende. Je ne suis pas
convaincue que cette manière de voir soit exacte. Au
cours de mon travail prolongé sur le polonium, j'ai constaté des effets chimiques que je n'ai jamais observés ni
avec le bismuth ordinaire, ni avec le bismuth activé par
le radium. Ces effets chimiques sont, en premier lieu, la
formation extrêmement facile des composés insolubles
dont j'ai parlé plus haut (spécialement sous-nitrates),
en deuxième lieu, la couleur et l'aspect des précipités
obtenus en ajoutant de l'eau à la solution azotique du
bismuth polonifère. Ces précipités sont parfois blancs,
mais plus généralement d'un jaune plus ou moins vif,
allant au rouge foncé.

L'absence de raies, autres que celles du bismuth, ne
prouve pas péremptoirement que la substance ne contient
que du bismuth, car il existe des corps dont la réaction
spectrale est peu sensible.

Il serait nécessaire de préparer une petite quantité de
bismuth polonifère à l'état de concentration aussi avancé
que possible, et d'en faire l'étude chimique, en premier
lieu, la détermination du poids atomique du métal. Cette
recherche n'a encore pu être faite à cause des difficultés
de travail chimique signalées plus haut.

C. 3

S'il était démontré que le polonium est un élément
nouveau, il n'en serait pas moins vrai que cet élément ne
peut exister indéfiniment à l'état fortement radioactif,
tout au moins quand il est retiré du minerai. On peut
alors envisager la question de deux manières différentes :
1° ou bien toute l'activité du polonium est de la radioactivité induite par le voisinage de substances radioactives
par elles-mêmes; le polonium aurait alors la faculté de
s'activer atomiquement d'une façon durable, faculté qui
ne semble pas appartenir à une substance quelconque;
2° ou bien l'activité du polonium est une activité propre
qui se détruit spontanément dans certaines conditions et
peut persister dans certaines autres conditions qui se
trouvent réalisées dans le minerai. Le phénomène de
l'activation atomique au contact est encore si mal connu,
que l'on manque de base pour se former une opinion co-
hérente sur ce qui touche à cette question.

Tout récemment a paru un travail de M. Marckwald, sur le
polonium (¹). M. Marckwald plonge une baguette de bismuth
pur dans une solution chlorhydrique du bismuth extrait du résidu de traitement de la pechblende. Au bout de quelque temps
la baguette se recouvre d'un dépôt très actif, et la solution ne
contient plus que du bismuth inactif. M. Marckwald obtient
aussi un dépôt très actif en ajoutant du chlorure d'étain à une
solution chlorhydrique de bismuth radioactif. M. Marckwald
conclut de là que l'élément actif est analogue au tellure et lui
donne le nom de *radiotellure*. La matière active de M. Marckwald semble identique au polonium, par sa provenance et par
les rayons très absorbables qu'elle émet. Le choix d'un nom
nouveau pour cette matière est certainement inutile dans l'état
actuel de la question.

Préparation du chlorure de radium pur. — Le procédé que j'ai adopté pour extraire le chlorure de radium
pur du chlorure de baryum radifère consiste à soumettre

(¹) *Berichte d. deutsch. chem. Gesell.*, juin 1902 et décembre 1902.

le mélange des chlorures à une cristallisation fractionnée
dans l'eau pure d'abord, dans l'eau additionnée d'acide
chlorhydrique pur ensuite. On utilise ainsi la différence
des solubilités des deux chlorures, celui de radium étant
moins soluble que celui de baryum.

Au début du fractionnement on emploie l'eau pure
distillée. On dissout le chlorure et l'on amène la dissolution à être saturée à la *température de l'ébullition*, puis
on laisse cristalliser par refroidissement dans une capsule
couverte. Il se forme alors au fond de beaux cristaux
adhérents, et la dissolution saturée, surnageante, peut être
facilement décantée. Si l'on évapore à sec un échantillon
de cette dissolution, on trouve que le chlorure obtenu
est environ cinq fois moins actif que celui qui a cristallisé. On a ainsi partagé le chlorure en deux portions : A et B,
la portion A étant beaucoup plus active que la portion B.
On recommence sur chacun des chlorures A et B la même
opération, et l'on obtient, avec chacun d'eux, deux portions nouvelles. Quand la cristallisation est terminée, on
réunit ensemble la fraction la moins active du chlorure A
et la fraction la plus active du chlorure B, ces deux matières ayant sensiblement la même activité. On se trouve
alors avoir trois portions que l'on soumet à nouveau au
même traitement.

On ne laisse pas augmenter constamment le nombre
des portions. A mesure que ce nombre augmente, l'activité de la portion la plus soluble va en diminuant. Quand
cette portion n'a plus qu'une activité insignifiante, on
l'élimine du fractionnement. Quand on a obtenu le nombre
de portions que l'on désire, on cesse aussi de fractionner
la portion la moins soluble (la plus riche en radium), et
on l'élimine du fractionnement.

On opère avec un nombre constant de portions. Après
chaque série d'opérations, la solution saturée provenant
d'une portion est versée sur les cristaux provenant de la

portion suivante; mais si, après l'une des séries, on a éliminé la fraction la plus soluble, après la série suivante on
fera, au contraire, une nouvelle portion avec la fraction
la plus soluble, et l'on éliminera les cristaux qui constituent la portion la plus active. Par la succession alterna-
tive de ces deux modes opératoires on obtient un mécanisme de fractionnement très régulier, dans lequel le
nombre des portions et l'activité de chacune d'elles restent
constants, chaque portion étant environ cinq fois plus
active que la suivante, et dans lequel on élimine d'un
côté (à la queue) un produit à peu près inactif, tandis
que l'on recueille de l'autre côté (à la tête) un chlorure
enrichi en radium. La quantité de matière contenue dans
les portions va, d'ailleurs, nécessairement en diminuant,
et les portions diverses contiennent d'autant moins de
matière qu'elles sont plus actives.

On opérait au début avec six portions, et l'activité du
chlorure éliminé à la queue n'était que 0,1 de celle de
l'uranium.

Quand on a ainsi éliminé en grande partie la matière
inactive et que les portions sont devenues petites, on n'a
plus intérêt à éliminer à une activité aussi faible; on supprime alors une portion à la queue du fractionnement et
l'on ajoute à la tête une portion formée avec le chlorure
actif précédemment recueilli. On recueillera donc maintenant un chlorure plus riche en radium que précédemment. On continue à appliquer ce système jusqu'à ce
que les cristaux de tête représentent du chlorure de radium pur. Si le fractionnement a été fait d'une façon très
complète, il reste à peine de très petites quantités de tous
les produits intermédiaires.

Quand le fractionnement est avancé et que la quantité
de matière est devenue faible dans chaque portion, la
séparation par cristallisation est moins efficace, le refroidissement étant trop rapide et le volume de solution à

décanter trop petit. On a alors intérêt à additionner l'eau
d'une proportion déterminée d'acide chlorhydrique ; cette
proportion devra aller en croissant à mesure que le fractionnement avance.

L'avantage de cette addition consiste à augmenter la
quantité de la dissolution, la solubilité des chlorures étant
moindre dans l'eau chlorhydrique que dans l'eau pure. De
plus, le fractionnement est alors très efficace ; la différence entre les deux fractions provenant d'un même produit est considérable ; en employant de l'eau avec beaucoup
d'acide, on a d'excellentes séparations, et l'on peut opérer avec trois ou quatre portions seulement. On a tout
avantage à employer ce procédé aussitôt que la quantité
de matière est devenue assez faible pour que l'on puisse
opérer ainsi sans inconvénients.

Les cristaux, qui se déposent en solution très acide,
ont la forme d'aiguilles très allongées, qui ont absolument le même aspect pour le chlorure de baryum et pour
le chlorure de radium. Les uns et les autres sont biré-
fringents. Les cristaux de chlorure de baryum radifère
se déposent incolores, mais, quand la proportion de
radium devient suffisante, ils prennent au bout de
quelques heures une coloration jaune, allant à l'orangé,
quelquefois une belle coloration rose. Cette coloration
disparaît par la dissolution. Les cristaux de chlorure de
radium pur ne se colorent pas, ou tout au moins pas aussi
rapidement, de sorte que la coloration paraît due à la
présence simultanée du baryum et du radium. Le maximum
de coloration est obtenu pour une certaine concentration
en radium, et l'on peut, en se basant sur cette propriété,
contrôler les progrès du fractionnement. Tant que la portion la plus active se colore, elle contient une quantité
notable de baryum ; quand elle ne se colore plus, et que
les portions suivantes se colorent, c'est que la première
est sensiblement du chlorure de radium pur.

J'ai remarqué parfois la formation d'un dépôt composé de cristaux dont une partie restait incolore, alors que l'autre partie se colorait. Il semblait possible de séparer les cristaux incolores par triage, ce qui n'a pas été essayé.

A la fin du fractionnement, le rapport des activités des portions successives n'est ni le même, ni aussi régulier qu'au début; toutefois, il ne se produit aucun trouble sérieux dans la marche du fractionnement.

La précipitation fractionnée d'une solution aqueuse de chlorure de baryum radifère par l'alcool conduit aussi à l'isolement du chlorure de radium qui se précipite en premier. Cette méthode que j'employais au début a été ensuite abandonnée pour celle qui vient d'être exposée et qui offre plus de régularité. Cependant, j'ai encore quelquefois employé la précipitation par l'alcool pour purifier le chlorure de radium qui contient une petite quantité de chlorure de baryum. Ce dernier reste dans la dissolution alcoolique légèrement aqueuse et peut ainsi être enlevé.

M. Giesel, qui, dès la publication de nos premières recherches, s'est occupé de la préparation des corps radioactifs, recommande la séparation du baryum et du radium par la cristallisation fractionnée dans l'eau du mélange des bromures. J'ai pu constater que ce procédé est en effet très avantageux, surtout au début du fractionnement.

Quel que soit le procédé de fractionnement dont on se sert, il est utile de le contrôler par des mesures d'activité.

Il est nécessaire de remarquer qu'un composé de radium qui était dissous, et que l'on vient de ramener à l'état solide, soit par précipitation, soit par cristallisation, possède au début une activité d'autant moins grande qu'il est resté plus longtemps en dissolution. L'activité augmente ensuite pendant plusieurs mois pour atteindre une certaine limite, toujours la même. L'activité finale est

cinq ou six fois plus élevée que l'activité initiale. Ces
variations, sur lesquelles je reviendrai plus loin, doivent
être prises en considération pour la mesure de l'activité.
Bien que l'activité finale soit mieux définie, il est plus
pratique, au cours d'un traitement chimique, de mesurer
l'activité initiale du produit solide.

L'activité des substances fortement radioactives est
d'un tout autre ordre de grandeur que celle du minerai
dont elles proviennent (elle est 10^6 fois plus grande).
Quand on mesure cette radioactivité par la *méthode* qui a
été exposée au début de ce travail (appareil *fig.* 1), on
ne peut pas augmenter, au delà d'une certaine limite, la
charge que l'on met dans le plateau du quartz. Cette
charge, dans nos expériences, était de 4000^g au maximum, correspondant à une *quantité d'électricité dégagée*
égale à 25 unités électrostatiques. Nous pouvons mesurer
des activités qui varient, dans le rapport de 1 à 4000, en
employant toujours la même surface pour la substance
active. Pour étendre les limites des mesures, nous
faisons varier cette surface dans un rapport connu.
La substance active occupe alors sur le plateau B une
zone circulaire centrale de rayon connu. L'activité
n'étant pas, dans ces conditions, exactement proportionnelle à la surface, on détermine expérimentalement
des coefficients qui permettent de comparer les activités
à surface active inégale.

Quand cette ressource elle-même est épuisée, on est
obligé d'avoir recours à l'emploi *d'écrans absorbants* et à
d'autres procédés équivalents sur lesquels je n'insisterai
pas ici. Tous ces procédés, plus ou moins imparfaits, suf-
fisent cependant pour guider les recherches.

Nous avons aussi mesuré le courant qui traverse le condensateur quand il est mis en circuit avec une batterie de
petits accumulateurs et un galvanomètre sensible. La
nécessité de vérifier fréquemment la sensibilité du galva-

nomètre nous a empêchés d'employer cette méthode pour
les mesures courantes.

Détermination du poids atomique du radium ([1]). —
Au cours de mon travail, j'ai, à plusieurs reprises, déterminé le poids atomique du métal contenu dans des échantillons de chlorure de baryum radifère. Chaque fois qu'à
la suite d'un nouveau traitement j'avais une nouvelle pro-
vision de chlorure de baryum radifère à traiter, je poussais
la concentration aussi loin que possible, de façon à obtenir
de $0^g,1$ à $0^g,5$ de matière contenant presque toute l'activité du mélange. De cette petite quantité de matière je
précipitais par l'alcool ou l'acide chlorhydrique quelques
milligrammes de chlorure qui étaient destinés à l'analyse
spectrale.

Grâce à son excellente méthode, Demarçay n'avait
besoin que de cette quantité minime de matière pour
obtenir la photographie du spectre de l'étincelle. Sur
le produit qui me restait je faisais une détermination de
poids atomique.

J'ai employé la méthode classique qui consiste à doser,
à l'état de chlorure d'argent, le chlore contenu dans un
poids connu de chlorure anhydre. Comme expérience de
contrôle, j'ai déterminé le poids atomique du baryum
par la même méthode, dans les mêmes conditions et avec
la même quantité de matière, $0^g,5$ d'abord, $0^g,1$ seulement ensuite. Les nombres trouvés étaient toujours
compris entre 137 et 138. J'ai vu ainsi que cette méthode
donne des résultats satisfaisants, même avec une aussi
faible quantité de matière.

Les deux premières déterminations ont été faites avec
des chlorures, dont l'un était 230 fois et l'autre 600 fois

([1]) Mme CURIE, *Comptes rendus*, 13 novembre 1899, août 1900
et 21 juillet 1902.

plus actif que l'uranium. Ces deux expériences ont donné, à la précision des mesures près, le même nombre que l'expérience faite avec le chlorure de baryum pur. On ne pouvait donc espérer de trouver une différence qu'en employant un produit beaucoup plus actif. L'expérience suivante a été faite avec un chlorure dont l'activité était environ 3500 fois plus grande que celle de l'uranium; cette expérience permit, pour la première fois, d'apercevoir une différence petite, mais certaine; je trouvais, pour le poids atomique moyen du métal contenu dans ce chlorure, le nombre 140, qui indiquait que le poids atomique du radium devait être plus élevé que celui du baryum. En employant des produits de plus en plus actifs et présentant le spectre du radium avec une intensité croissante, je constatais que les nombres obtenus allaient aussi en croissant, comme on peut le voir dans le Tableau suivant (A indique l'activité du chlorure, celle de l'uranium étant prise comme unité; M le poids atomique trouvé) :

A	M.	
3500	140	le spectre du radium est très faible
4700	141	
7500	145,8	le spectre du radium est fort, mais celui du baryum domine de beaucoup
Ordre de grandeur, 10^6.	173,8	les deux spectres ont une importance à peu près égale
	225	le baryum n'est présent qu'à l'état de trace.

Les nombres de la colonne A ne doivent être considérés que comme une indication grossière. L'appréciation de l'activité des corps fortement radioactifs est, en effet, difficile, pour diverses raisons dont il sera question plus loin.

A la suite des traitements décrits plus haut j'ai obtenu, en mars 1902, $0^g,12$ d'un chlorure de radium, dont Demarçay a bien voulu faire l'analyse spectrale. Ce chlorure de radium, d'après l'opinion de Demarçay, était sensiblement pur; cependant son spectre présentait encore les trois raies principales du baryum avec une intensité notable.

J'ai fait avec ce chlorure quatre déterminations successives dont voici les résultats :

	Chlorure de radium anhydre.	Chlorure d'argent.	M.
I.....	0,1150	0,1130	220,7
II....	0,1148	0,1119	223,0
III....	0,11135	0,1086	222,8
IV....	0,10925	0,10645	223,1

J'ai entrepris alors une nouvelle purification de ce chlorure, et je suis arrivée à obtenir une matière beaucoup plus pure encore, dans le spectre de laquelle les deux raies les plus fortes du baryum sont très faibles. Étant donnée la sensibilité de la réaction spectrale du baryum, Demarçay estime que ce chlorure purifié ne contient que « des traces minimes de baryum incapables d'influencer d'une façon appréciable le poids atomique ». J'ai fait trois déterminations avec ce chlorure de radium parfaitement pur. Voici les résultats :

	Chlorure de radium anhydre.	Chlorure d'argent.	M.
I.....	0,09192	0,08890	225,3
II....	0,08936	0,08627	225,8
III ...	0,08839	0,08589	224,0

Ces nombres donnent une moyenne de 225. Ils ont été calculés, de même que les précédents, en considérant le radium comme un élément bivalent, dont le chlorure a la formule R , et en adoptant pour l'argent et le chlore les nombres $Ag = 107,8$; $Cl = 35,4$.

Il résulte de ces expériences que le poids atomique du

radium est Ra = 225. Je considère ce nombre comme
exact à une unité près.

Les pesées étaient faites avec une balance apériodique
Curie, parfaitement réglée, précise au vingtième de milligramme. Cette balance, à lecture directe, permet de faire
des pesées très rapides, ce qui est une condition essen-
tielle pour la pesée des chlorures anhydres de radium et
de baryum, qui absorbent lentement de l'eau, malgré la
présence de corps desséchants dans la balance. Les matières à peser étaient placées dans un creuset de platine;
ce creuset était en usage depuis longtemps, et j'ai vérifié
que son poids ne variait pas d'un dixième de milligramme
au cours d'une opération.

Le chlorure hydraté obtenu par cristallisation était introduit dans le creuset et chauffé à l'étuve pour être transformé en chlorure anhydre. L'expérience montre que,
lorsque le chlorure a été maintenu quelques heures à 100°,
son poids ne varie plus, même lorsqu'on fait monter la
température à 200° et qu'on l'y maintient pendant quelques heures. Le chlorure anhydre ainsi obtenu constitue
donc un corps parfaitement défini.

Voici une série de mesures relatives à ce sujet : le chlorure (1^{dg}) est séché à l'étuve à 55° et placé dans un ex-
siccateur sur de l'acide phosphorique anhydre; il perd
alors du poids très lentement, ce qui prouve qu'il contient encore de l'eau; pendant 12 heures, la perte a été
de 3^{mg}. On reporte le chlorure dans l'étuve et on laisse la
température monter à 100°. Pendant cette opération, le
chlorure perd $6^{mg},3$. Laissé dans l'étuve pendant 3 heures
15 minutes, il perd encore $2^{mg},5$. On maintient la température pendant 45 minutes entre 100° et 120°, ce qui entraîne une perte de poids de $0^{mg},1$. Laissé ensuite 30 minutes à 125°, le chlorure ne perd rien. Maintenu ensuite
pendant 30 minutes à 150°, il perd $0^{mg},1$. Enfin chauffé
pendant 4 heures à 200°, il éprouve une perte de poids

de o^{mg},15. Pendant toutes ces opérations, le creuset a varié de o^{mg},05.

Après chaque détermination de poids atomique, le radium était ramené à l'état de chlorure de la manière suivante : la liqueur contenant après le dosage l'azotate de radium et l'azotate d'argent en excès était additionnée d'acide chlorhydrique pur; on séparait le chlorure d'argent par filtration; la liqueur était évaporée à sec plusieurs fois avec un excès d'acide chlorhydrique pur. L'expérience montre qu'on peut ainsi éliminer complètement l'acide azotique.

Le chlorure d'argent du dosage était toujours radioactif et lumineux. Je me suis assurée qu'il n'avait pas entraîné de quantité pondérable de radium, en déterminant la quantité d'argent qui y était contenue. A cet effet, le chlorure d'argent fondu contenu dans le creuset était réduit par l'hydrogène résultant de la décomposition de l'acide chlorhydrique étendu par le zinc; après lavage, le creuset était pesé avec l'argent métallique qui y était contenu.

J'ai constaté également, dans une expérience, que le poids du chlorure de radium régénéré était retrouvé le même qu'avant l'opération. Dans d'autres expériences, je n'attendais pas, pour commencer une nouvelle opération, que toutes les eaux de lavage fussent évaporées.

Ces vérifications ne comportent pas la même précision que les expériences directes; elles ont permis toutefois de s'assurer qu'aucune erreur notable n'a été commise.

D'après ses propriétés chimiques, le radium est un élément de la série des alcalino-terreux. Il est dans cette série l'homologue supérieur du baryum.

D'après son poids atomique, le radium vient se placer également, dans le Tableau de Mendeleeff, à la suite du baryum dans la colonne des métaux alcalino-terreux et sur la rangée qui contient déjà l'uranium et le thorium.

Caractères des sels de radium. — Les sels de radium : chlorure, azotate, carbonate, sulfate, ont le même aspect que ceux de baryum, quand ils viennent d'être préparés à l'état solide, mais tous les sels de radium se colorent avec le temps.

Les sels de radium sont tous lumineux dans l'obscurité.

Par leurs propriétés chimiques, les sels de radium sont absolument analogues aux sels correspondants de baryum. Cependant le chlorure de radium est moins soluble que celui de baryum; la solubilité des azotates dans l'eau semble être sensiblement la même.

Les sels de radium sont le siège d'un dégagement de chaleur spontané et continu.

Le chlorure de radium pur est paramagnétique. Son coefficient d'aimantation spécifique K (rapport du moment magnétique de l'unité de masse à l'intensité du champ) a été mesuré par MM. P. Curie et C. Chéneveau au moyen d'un appareil établi par ces deux physiciens ([1]). Ce coefficient a été mesuré par comparaison avec celui de l'eau et corrigé de l'action du magnétisme de l'air. On a trouvé ainsi

$$K = 1,05 \times 10^{-6}.$$

Le chlorure de baryum pur est diamagnétique, son coefficient d'aimantation spécifique est

$$K = -0,40 \times 10^{-6}.$$

On trouve d'ailleurs, conformément aux résultats précédents, qu'un chlorure de baryum radifère contenant environ 17 pour 100 de chlorure de radium est diamagnétique et possède un coefficient spécifique

$$K = -0,20 \times 10^{-6} \, ([2]).$$

([1]) *Société de Physique*, 3 avril 1903.

([2]) En 1899, M. St. Meyer a annoncé que le carbonate de baryum radifère était paramagnétique (*Wied. Ann.*, t. LXVIII). Cependant

Fractionnement du chlorure de baryum ordinaire.
— Nous avons cherché à nous assurer si le chlorure de
baryum du commerce ne contenait pas de petites quantités de chlorure de radium inappréciables à notre appareil de mesures. Pour cela, nous avons entrepris le fractionnement d'une grande quantité de chlorure de baryum
du commerce, espérant concentrer par ce procédé la trace
de chlorure de radium si elle s'y trouvait.

50^{kg} de chlorure de baryum du commerce ont été dissous dans l'eau; la dissolution a été précipitée par de
l'acide chlorhydrique exempt d'acide sulfurique, ce qui a
fourni 20^{kg} de chlorure précipité. Celui-ci a été dissous
dans l'eau et précipité partiellement par l'acide chlorhydrique, ce qui a donné $8^{kg},5$ de chlorure précipité. Ce
chlorure a été soumis à la méthode de fractionnement
employée pour le chlorure de baryum radifère, et l'on
a éliminé à la tête du fractionnement 10^g de chlorure
correspondant à la portion la moins soluble. Ce chlorure
ne montrait aucune radioactivité dans notre appareil de
mesures; il ne contenait donc pas de radium; ce corps
est, par suite, absent des minerais qui fournissent le
baryum.

M. Meyer avait opéré avec un produit très peu riche en radium, et ne
contenant probablement que $\frac{1}{1000}$ de sel de radium. Ce produit aurait dû
se montrer diamagnétique. Il est probable que ce corps contenait une
petite impureté ferrifère.

CHAPITRE III.

RAYONNEMENT DES NOUVELLES SUBSTANCES RADIOACTIVES.

Procédés d'étude du rayonnement. — Pour étudier le rayonnement émis par les substances radioactives, on peut se servir de l'une quelconque des propriétés de ce rayonnement. On peut donc utiliser soit l'action des rayons sur les plaques photographiques, soit leur propriété d'ioniser l'air et de le rendre conducteur, soit encore leur faculté de provoquer la fluorescence de certaines substances. En parlant dorénavant de ces diverses manières d'opérer, j'emploierai, pour abréger, les expressions : méthode radiographique, méthode électrique, méthode fluoroscopique.

Les deux premières ont été employées dès le début pour l'étude des rayons uraniques; la méthode fluoroscopique ne peut s'appliquer qu'aux substances nouvelles, fortement radioactives, car les substances faiblement radioactives telles que l'uranium et le thorium ne produisent pas de fluorescence appréciable. La méthode électrique est la seule qui comporte des mesures d'intensité précises; les deux autres sont surtout propres à donner à ce point de vue des résultats qualitatifs et ne peuvent fournir que des mesures d'intensité grossières. Les résultats obtenus avec les trois méthodes considérées ne sont jamais que très grossièrement comparables entre eux et peuvent ne pas être comparables du tout. La plaque sensible, le gaz qui s'ionise, l'écran fluorescent sont autant de récepteurs auxquels on demande d'absorber l'énergie

du rayonnement et de la transformer en un autre mode
d'énergie : énergie chimique, énergie ionique ou énergie
lumineuse. Chaque récepteur absorbe une fraction du
rayonnement qui dépend essentiellement de sa nature. On
verra d'ailleurs plus loin que le rayonnement est complexe; les portions du rayonnement absorbées par les
différents récepteurs peuvent différer entre elles quantita-
tivement et qualitativement. Enfin, il n'est ni évident, ni
même probable, que l'énergie absorbée soit entièrement
transformée par le récepteur en la forme que nous dési-
rons observer; une partie de cette énergie peut se trouver
transformée en chaleur, en émission de rayonnements secondaires qui, suivant le cas, seront ou ne seront pas
utilisés pour la production du phénomène observé, en
action chimique différente de celle que l'on observe, etc.,
et, là encore, l'effet utile du récepteur, pour le but que
nous nous proposons, dépend essentiellement de la nature de ce récepteur.

Comparons deux échantillons radioactifs dont l'un contient du radium et l'autre du polonium, et qui sont également actifs dans l'appareil à plateaux de la figure 1.
Si l'on recouvre chacun d'eux d'une feuille mince d'aluminium, le second paraîtra considérablement moins actif
que le premier, et il en sera de même si on les place sous
le même écran fluorescent, quand ce dernier est assez
épais, ou qu'il est placé à une certaine distance des deux
substances radioactives.

Énergie du rayonnement. — Quelle que soit la méthode de recherches employée, on trouve toujours que
l'énergie du rayonnement des substances radioactives
nouvelles est considérablement plus grande que celle de
l'uranium et du thorium. C'est ainsi que, à petite distance,
une plaque photographique est impressionnée, pour ainsi
dire, instantanément, alors qu'une pose de 24 heures

est nécessaire quand on opère avec l'uranium et le thorium. Un écran fluorescent est vivement illuminé au contact des substances radioactives nouvelles, alors qu'aucune trace de luminosité ne se voit avec l'uranium et le thorium. Enfin, l'action ionisante sur l'air est aussi considérablement plus intense, dans le rapport de 10^6 environ. Mais il n'est, à vrai dire, plus possible d'évaluer l'*intensité totale du rayonnement,* comme pour l'uranium, par la méthode électrique décrite au début (*fig.* 1). En effet, dans le cas de l'uranium, par exemple, le rayonnement est très approximativement absorbé dans la couche d'air qui sépare les plateaux, et le courant limite est atteint pour une tension de 100 volts. Mais il n'en est plus de même pour les substances fortement radioactives. Une partie du rayonnement du radium est constituée par des rayons très pénétrants qui traversent le condensateur et les plateaux métalliques, et ne sont nullement utilisés à ioniser l'air entre les plateaux. De plus, le courant limite ne peut pas toujours être obtenu pour les tensions dont on dispose ; c'est ainsi que, pour le polonium très actif, le courant est encore proportionnel à la tension entre 100 et 500 volts. Les conditions expérimentales qui donnent à la mesure une signification simple ne sont donc pas réalisées, et, par suite, les nombres obtenus ne peuvent être considérés comme donnant la mesure du rayonnement total ; ils ne constituent, à ce point de vue, qu'une approximation grossière.

Nature complexe du rayonnement. — Les travaux de divers physiciens (MM. Becquerel, Meyer et von Schweidler, Giesel, Villard, Rutherford, M. et Mme Curie) ont montré que le rayonnement des substances radioactives est un rayonnement très complexe. Il convient de distinguer trois espèces de rayons que je désignerai, suivant la notation adoptée par M. Rutherford, par les lettres α, β et γ.

C. 4

1° Les rayons α sont des rayons très peu pénétrants qui semblent constituer la plus grosse partie du rayonnement. Ces rayons sont caractérisés par les lois suivant lesquelles ils sont absorbés par la matière. Le champ magnétique agit très faiblement sur ces rayons, et on les a considérés tout d'abord comme insensibles à l'action de ce champ. Cependant, dans un champ magnétique intense, les rayons α sont légèrement déviés ; la déviation se produit de la même manière que dans le cas des rayons cathodiques, mais le sens de la déviation est renversé ; il est le même que pour les rayons canaux des tubes de Crookes.

2° Les rayons β sont des rayons moins absorbables dans leur ensemble que les précédents. Ils sont déviés par un champ magnétique de la même manière et dans le même sens que les rayons cathodiques.

3° Les rayons γ sont des rayons pénétrants insensibles à l'action du champ magnétique et comparables aux rayons de Röntgen.

Les rayons d'un même groupe peuvent avoir un pouvoir de pénétration qui varie dans des limites très étendues, comme cela a été prouvé pour les rayons β.

Imaginons l'expérience suivante : le radium R est placé au fond d'une petite cavité profonde creusée dans un bloc de plomb P (*fig.* 4). Un faisceau de rayons rectiligne et peu épanoui s'échappe de la cuve. Supposons que, dans la région qui entoure la cuve, on établisse un champ magnétique uniforme, très intense, normal au plan de la figure et dirigé vers l'arrière de ce plan. Les trois groupes de rayons α, β, γ se trouveront séparés. Les rayons γ peu intenses continuent leur trajet rectiligne sans trace de déviation. Les rayons β sont déviés à la façon de rayons cathodiques et décrivent dans le plan de la figure des trajectoires circulaires dont le rayon varie dans des limites étendues. Si la cuve est placée sur une plaque photographique AC, la portion BC de la plaque qui reçoit les rayons β est impressionnée. Enfin, les rayons α forment un faisceau très intense qui est dévié légèrement et qui est assez rapidement absorbé par l'air. Ces rayons décrivent, dans le plan de la figure, une trajectoire dont le rayon de courbure est très grand, le sens de la déviation étant l'inverse de celui qui a lieu pour les rayons β.

Si l'on recouvre la cuve d'un écran mince en aluminium,

Fig. 4.

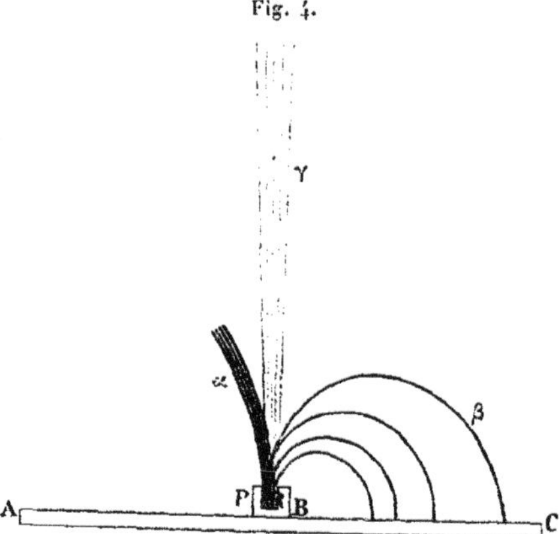

$(0^{mm},1$ d'épaisseur), les rayons α sont en très grande partie supprimés, les rayons β le sont bien moins et les rayons γ ne semblent pas absorbés notablement.

L'expérience que je viens de décrire n'a pas été réalisée sous cette forme, et l'on verra dans la suite quelles sont les expériences qui montrent l'action du champ magnétique sur les divers groupes de rayons.

Action du champ magnétique. — On a vu que les rayons émis par les substances radioactives ont un grand nombre de propriétés communes aux rayons cathodiques et aux rayons Röntgen. Aussi bien les rayons cathodiques que les rayons Röntgen ionisent l'air, agissent sur les plaques photographiques, excitent la fluorescence, n'éprouvent pas de réflexion régulière. Mais les rayons cathodiques diffèrent des rayons Röntgen en ce qu'ils sont déviés de leur trajet rectiligne par l'action du champ magnétique et en ce qu'ils transportent des charges d'électricité négative.

Le fait que le champ magnétique agit sur les rayons émis par les substances radioactives a été découvert presque simultanément par MM. Giesel, Meyer et von Schweidler et Becquerel ([1]). Ces physiciens ont reconnu que les rayons des substances radioactives sont déviés par le champ magnétique de la même façon et dans le même sens que les rayons cathodiques; leurs observations se rapportaient aux rayons β.

M. Curie a montré que le rayonnement du radium comporte deux groupes de rayons bien distincts, dont l'un est facilement dévié par le champ magnétique (rayons β) alors que l'autre semble insensible à l'action de ce champ (rayons α et γ dont l'ensemble était désigné par le nom de rayons non déviables) ([2]).

M. Becquerel n'a pas observé d'émission de rayons genre cathodique par les échantillons de polonium préparés par nous. C'est, au contraire, sur un échantillon de polonium, préparé par lui, que M. Giesel a observé pour la première fois l'effet du champ magnétique. De tous les échantillons de polonium, préparés par nous, aucun n'a jamais donné lieu à une émission de rayons genre cathodique.

([1]) GIESEL, *Wied. Ann.*, 2 novembre 1899. — MEYER et von SCHWEIDLER, *Acad. Anzeiger Wien*, 3 et 9 novembre 1899. — BECQUEREL, *Comptes rendus*, 11 décembre 1899.

([2]) P. CURIE, *Comptes rendus*, 8 janvier 1900.

Le polonium de M. Giesel n'émet des rayons genre cathodique que quand il est récemment préparé, et il est probable que l'émission est due au phénomène de radio-activité induite dont il sera question plus loin.

Voici les expériences qui prouvent qu'une partie du rayonnement du radium et une partie seulement est constituée par des rayons facilement déviables (rayons β). Ces expériences ont été faites par la méthode électrique ([1]).

Le corps radioactif A (*fig.* 5) envoie des radiations suivant la direction AD entre les plateaux P et P'. Le plateau P est maintenu au potentiel de 5oo volts, le plateau P' est relié à un électromètre et à un quartz piézo-électrique. On mesure l'intensité du courant qui passe dans l'air sous l'influence des radiations. On peut à vo-

Fig. 5.

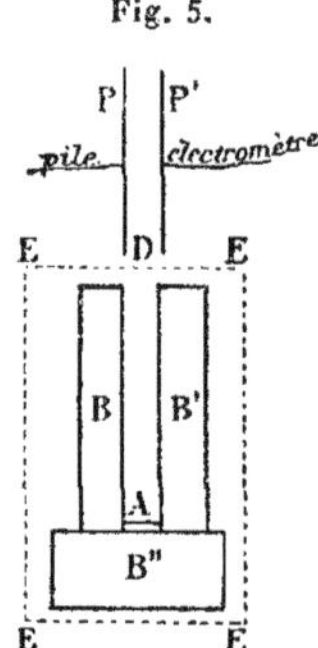

lonté établir le champ magnétique d'un électro-aimant normalement au plan de la figure dans toute la région EEEE. Si les rayons sont déviés, même faiblement, ils ne pénètrent plus entre les plateaux, et le courant est

---

([1]) P. CURIE, *Comptes rendus,* 8 janvier 1900.

supprimé. La région où passent les rayons est entourée par les masses de plomb B, B′, B″ et par les armatures de l'électro-aimant; quand les rayons sont déviés, ils sont absorbés par les masses de plomb B et B′.

Les résultats obtenus dépendent essentiellement de la distance AD du corps radiant A à l'entrée du condensateur en D. Si la distance AD est assez grande (supérieure à 7^{cm}), la plus grande partie (90 pour 100 environ) des rayons du radium qui arrivent au condensateur sont déviés et supprimés pour un champ de 2500 unités. Ces rayons sont des rayons β. Si la distance AD est plus faible que 65^{mm}, une partie moins importante des rayons est déviée par l'action du champ; cette partie est d'ailleurs déjà complètement déviée par un champ de 2500 unités, et la proportion de rayons supprimés n'augmente pas quand on fait croître le champ de 2500 à 7000 unités.

La proportion des rayons non supprimés par le champ est d'autant plus grande que la distance AD entre le corps radiant et le condensateur est plus petite. Pour les distances faibles les rayons qui peuvent être déviés facilement ne constituent plus qu'une très faible fraction du rayonnement total.

Les rayons pénétrants sont donc, en majeure partie, des rayons déviables genre cathodique (rayons β).

Avec le dispositif expérimental qui vient d'être décrit, l'action du champ magnétique sur les rayons α ne pouvait guère être observée pour les champs employés. Le rayonnement très important, en apparence non déviable, observé à petite distance de la source radiante, était constitué par les rayons α; le rayonnement non déviable observé à grande distance était constitué par les rayons γ.

Lorsque l'on tamise le faisceau au travers d'une lame absorbante (aluminium ou papier noir), les rayons qui passent sont presque tous déviés par le champ, de telle sorte qu'à l'aide de l'écran et du champ magnétique presque tout le rayonnement est supprimé dans le condensateur, ce qui reste n'étant alors dû qu'aux rayons γ, dont la proportion est faible. Quant aux rayons α, ils sont absorbés par l'écran.

Une lame d'aluminium de $\frac{1}{100}$ de millimètre d'épaisseur suffit pour supprimer presque tous les rayons difficilement déviables, quand la substance est assez loin du condensateur; pour des distances plus petites (34^{mm} et 51^{mm}), deux feuilles d'aluminium au $\frac{1}{100}$ sont nécessaires pour obtenir ce résultat.

On a fait des mesures semblables sur quatre substances radifères (chlorures ou carbonates) d'activité très différente; les résultats obtenus ont été très analogues.

On peut remarquer que, pour tous les échantillons, les rayons pénétrants déviables à l'aimant (rayons β) ne sont qu'une faible partie du rayonnement total; ils n'interviennent que pour une faible part dans les mesures où l'on utilise le rayonnement intégral pour produire la conductibilité de l'air.

On peut étudier la radiation émise par le polonium par la méthode électrique. Quand on fait varier la distance AD du polonium au condensateur, on n'observe d'abord aucun courant tant que la distance est assez grande; quand on rapproche le polonium, on observe que, pour une certaine distance qui était de 4^{cm} pour l'échantillon étudié, le rayonnement se fait très brusquement sentir avec une assez grande intensité; le courant augmente ensuite régulièrement si l'on continue à rapprocher le polonium, mais le champ magnétique ne produit pas d'effet appréciable dans ces conditions. Il semble que le rayonnement du polonium soit délimité dans l'espace et dépasse à peine dans l'air une sorte de gaine entourant la substance sur l'épaisseur de quelques centimètres.

Il convient de faire des réserves générales importantes

sur la signification des expériences que je viens de décrire. Quand j'indique la proportion des rayons déviés par l'aimant, il s'agit seulement *des radiations susceptibles d'actionner un courant dans le condensateur*. En employant comme réactif des rayons de Becquerel la fluorescence ou l'action sur les plaques photographiques, la proportion serait probablement différente, une mesure d'intensité n'ayant généralement un sens que pour la méthode de mesures employée.

Les rayons du polonium sont *des rayons du genre* α. Dans les expériences que je viens de décrire, on n'a observé aucun effet du champ magnétique sur ces rayons, mais le dispositif expérimental était tel qu'une faible déviation passait inaperçue.

Des expériences faites par la méthode radiographique ont confirmé les résultats de celles qui précèdent. En employant le radium comme source radiante, et en recevant l'impression sur une plaque parallèle au faisceau primitif et normale au champ, on obtient la trace très nette de deux faisceaux séparés par l'action du champ, l'un dévié, l'autre non dévié. Les rayons β constituent le faisceau dévié; les rayons α étant très peu déviés se confondent sensiblement avec le faisceau non dévié des rayons γ.

Rayons déviables β. — Il résultait des expériences de M. Giesel et de MM. Meyer et von Schweidler que le rayonnement des corps radioactifs est au moins en partie dévié par un champ magnétique, et que la déviation se fait comme pour les rayons cathodiques. M. Becquerel a étudié *l'action du champ sur les rayons par la méthode radiographique* (¹). Le dispositif expérimental employé était celui de la figure 4. Le radium était placé dans la

____

(¹) BECQUEREL, *Comptes rendus*, t. CXXX, p. 206, 372, 810.

cuve en plomb P, et cette cuve était posée sur la face sensible d'une plaque photographique AC enveloppée de papier noir. Le tout était placé entre les pôles d'un électroaimant, le champ magnétique étant normal au plan de la figure.

Si le champ est dirigé vers l'arrière de ce plan, la partie BC de la plaque se trouve impressionnée par des rayons qui, ayant décrit des trajectoires circulaires, sont rabattus sur la plaque et viennent la couper à angle droit. Ces rayons sont des rayons β.

M. Becquerel a montré que l'impression constitue une large bande diffuse, véritable spectre continu, montrant que le faisceau de rayons déviables émis par la source est constitué par une infinité de radiations inégalement déviables. Si l'on recouvre la gélatine de la plaque de divers écrans absorbants (papier, verre, métaux), une portion du spectre se trouve supprimée, et l'on constate que les rayons les plus déviés par le champ magnétique, autrement dit ceux qui donnent la plus petite valeur du rayon de la trajectoire circulaire, sont le plus fortement absorbés. Pour chaque écran l'impression sur la plaque ne commence qu'à une certaine distance de la source radiante, cette distance étant d'autant plus grande que l'écran est plus absorbant.

Charge des rayons déviables. — Les rayons cathodiques sont, comme l'a montré M. Perrin, chargés d'électricité négative ([1]). De plus ils peuvent, d'après les expériences de M. Perrin et de M. Lenard ([2]) transporter leur charge à travers des enveloppes métalliques réunies à la terre et à travers des lames isolantes. En tout point, où les rayons cathodiques sont absorbés, se fait un déga-

---

([1]) *Comptes rendus*, t. CXXI, p. 1130. *Annales de Chimie et de Physique*, t. II, 1897.
([2]) LENARD, *Wied. Ann.*, t. LXIV, p. 279.

gement continu d'électricité négative. Nous avons constaté qu'il en est de même pour les rayons déviables β du radium. *Les rayons déviables β du radium sont chargés d'électricité négative* ([1]).

Étalons la substance radioactive sur l'un des plateaux d'un condensateur, ce plateau étant relié métalliquement à la terre; le second plateau est relié à un électromètre, il reçoit et absorbe les rayons émis par la substance. Si les rayons sont chargés, on doit observer une arrivée continue d'électricité à l'électromètre. Cette expérience, réalisée dans l'air, ne nous a pas permis de déceler une charge des rayons, mais l'expérience ainsi faite n'est pas sensible. L'air entre les plateaux étant rendu conducteur par les rayons, l'électromètre n'est plus isolé et ne peut accuser que des charges assez fortes.

Pour que les rayons α ne puissent apporter de trouble dans l'expérience, on peut les supprimer en recouvrant la source radiante d'un écran métallique mince; le résultat de l'expérience n'est pas modifié ([2]).

Nous avons sans plus de succès répété cette expérience dans l'air en faisant pénétrer les rayons dans l'intérieur d'un cylindre de Faraday en relation avec l'électromètre ([3]).

On pouvait déjà se rendre compte, d'après les expériences qui précèdent, que la charge des rayons du produit radiant employé était faible.

Pour constater un faible dégagement d'électricité sur le conducteur qui absorbe les rayons, il faut que ce con-

---

([1]) M. et Mme CURIE, *Comptes rendus,* 5 mars 1900.

([2]) A vrai dire, dans ces expériences, on observe toujours une déviation à l'électromètre, mais il est facile de se rendre compte que ce déplacement est un effet de la force électromotrice de contact qui existe entre le plateau relié à l'électromètre et les conducteurs voisins; cette force électromotrice fait dévier l'électromètre, grâce à la conductibilité de l'air soumis au rayonnement du radium.

([3]) Le dispositif du cylindre de Faraday n'est pas nécessaire, mais il pourrait présenter quelques avantages dans le cas où il se produirait une forte diffusion des rayons par les parois frappées. On pourrait espérer ainsi recueillir et utiliser ces rayons diffusés, s'il y en a.

ducteur soit bien isolé électriquement; pour obtenir ce
résultat, il est nécessaire de le mettre à l'abri de l'air, soit
en le plaçant dans un tube avec un vide très parfait, soit
en l'entourant d'un bon diélectrique solide. C'est ce dernier dispositif que nous avons employé.

Un disque conducteur MM (*fig.* 6) est relié par la tige
métallique t à l'électromètre; disque et tige sont complètement entourés de matière isolante *iiii*; le tout est
recouvert d'une enveloppe métallique EEEE qui est en
communication électrique avec la terre. Sur l'une des
faces du disque, l'isolant *pp* et l'enveloppe métallique
sont très minces. C'est cette face qui est exposée au rayonnement du sel de baryum radifère R, placé à l'extérieur
dans une auge en plomb ([1]). Les rayons émis par le radium traversent l'enveloppe métallique et la lame isolante *pp*, et sont absorbés par le disque métallique MM.
Celui-ci est alors le siège d'un dégagement continu et
constant d'électricité négative que l'on constate à l'élec-

Fig. 6.

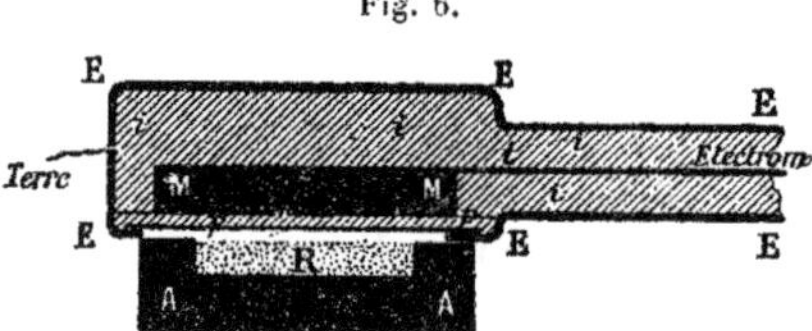

tromètre et que l'on mesure à l'aide du quartz piézoélectrique.

Le courant ainsi créé est très faible. Avec du chlorure
de baryum radifère très actif formant une couche de $2^{cm^2},5$

([1]) L'enveloppe isolante doit être parfaitement continue. Toute fis-
sure remplie d'air allant du conducteur intérieur jusqu'à l'enveloppe
métallique est une cause de courant dû aux forces électromotrices de
contact utilisant la conductibilité de l'air sous l'action du radium.

de surface et de o^{cm},2 d'épaisseur, on obtient un courant
de l'ordre de grandeur de 10⁻¹¹ ampère, les rayons utilisés
ayant traversé, avant d'être absorbés par le disque MM,
une épaisseur d'aluminium de o^{mm},01 et une épaisseur
d'ébonite de o^{mm},3.

Nous avons employé successivement du plomb, du
cuivre et du zinc pour le disque MM, de l'ébonite et de la
paraffine pour l'isolant; les résultats obtenus ont été les
mêmes.

Le courant diminue quand on éloigne la source radiante R, ou quand on emploie un produit moins actif.

Nous avons encore obtenu les mêmes résultats en rem-
plaçant le disque MM par un cylindre de Faraday rempli
d'air, mais enveloppé extérieurement par une matière isolante. L'ouverture du cylindre, fermée par la plaque
isolante mince pp, était alors en face de la source radiante.

Enfin nous avons fait l'expérience inverse, qui consiste
à placer l'auge de plomb avec le radium au milieu de la
matière isolante et en relation avec l'électromètre (*fig.* 7),

Fig. 7.

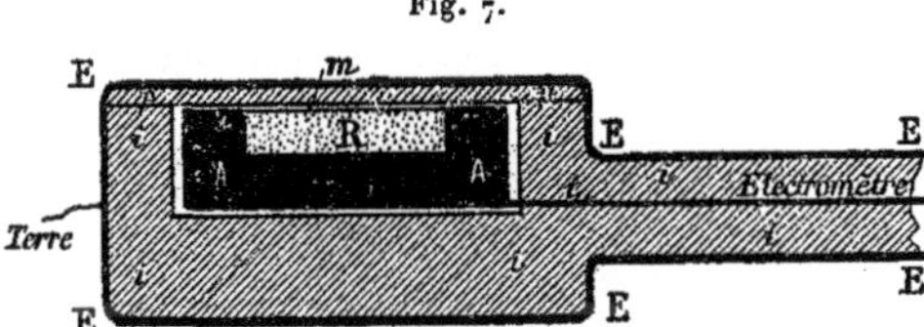

le tout étant enveloppé par l'enceinte métallique reliée
à la terre.

Dans ces conditions, on observe à l'électromètre que
le radium prend une charge positive et égale en grandeur
à la charge négative de la première expérience. Les rayons
du radium traversent la plaque diélectrique mince pp et

quittent le conducteur intérieur en emportant de l'électricité négative.

Les rayons α du radium n'interviennent pas dans ces expériences, étant absorbés presque totalement par une épaisseur extrêmement faible de matière. La méthode qui vient d'être décrite ne convient pas non plus pour l'étude de la charge des rayons du polonium, ces rayons étant également très peu pénétrants. Nous n'avons observé aucun indice de charge avec du polonium, qui émet seulement des rayons α; mais, pour la raison qui précède, on ne peut tirer de cette expérience aucune conclusion.

Ainsi, dans le cas des rayons déviables β du radium, comme dans le cas des rayons cathodiques, les rayons transportent de l'électricité. Or, jusqu'ici on n'a jamais reconnu l'existence de charges électriques non liées à la matière. On est donc amené à se servir, dans l'étude de l'émission des rayons déviables β du radium, de la même théorie que celle actuellement en usage pour l'étude des rayons cathodiques. Dans cette théorie balistique, qui a été formulée par Sir W. Crookes, puis développée et complétée par M. J.-J. Thompson, les rayons cathodiques sont constitués par des particules extrêmement ténues qui sont lancées à partir de la cathode avec une très grande vitesse, et qui sont chargées d'électricité négative. On peut de même concevoir que le radium envoie dans l'espace des particules chargées négativement.

Un échantillon de radium renfermé dans une enveloppe solide, mince, parfaitement isolante, doit se charger spontanément à un potentiel très élevé. Dans l'hypothèse balistique le potentiel augmenterait, jusqu'à ce que la différence de potentiel avec les conducteurs environnants devînt suffisante pour empêcher l'éloignement des particules électrisées émises et amener leur retour à la source radiante.

Nous avons réalisé par hasard l'expérience dont il est question ici. Un échantillon de radium très actif était enfermé depuis longtemps dans une ampoule de verre. Pour ouvrir l'ampoule, nous avons fait avec un couteau à verre un trait sur le verre. A ce moment nous avons entendu nettement le bruit d'une étincelle, et en observant ensuite l'ampoule à la loupe, nous avons aperçu que le verre avait été perforé par une étincelle à l'endroit où il s'était trouvé aminci par le trait. Le phénomène qui s'est produit là est exactement comparable à la rupture du verre d'une bouteille de Leyde trop chargée.

Le même phénomène s'est reproduit avec une autre ampoule. De plus, au moment où l'étincelle a éclaté, M. Curie qui tenait l'ampoule ressentit dans les doigts la secousse électrique due à la décharge.

Certains verres ont de bonnes propriétés isolantes. Si l'on enferme le radium dans une ampoule de verre scellée et bien isolante, on peut s'attendre à ce que cette ampoule à un moment donné se perce spontanément.

Le radium est le premier exemple d'un corps qui se charge spontanément d'électricité.

Action du champ électrique sur les rayons déviables β du radium. — Les rayons déviables β du radium étant assimilés à des rayons cathodiques doivent être déviés par un champ électrique de la même façon que ces derniers, c'est-à-dire comme le serait une particule matérielle chargée négativement et lancée dans l'espace avec une grande vitesse. L'existence de cette déviation a été montrée, d'une part, par M. Dorn ([1]), d'autre part, par M. Becquerel ([2]).

([1]) DORN, *Abh. Halle,* mars 1900.
([2]) BECQUEREL, *Comptes rendus,* t. CXXX, p. 819.

Considérons un rayon qui traverse l'espace situé entre les deux plateaux d'un condensateur. Supposons la direction du rayon parallèle aux plateaux. Quand on établit entre ces derniers un champ électrique, le rayon est soumis à l'action de ce champ uniforme sur toute la longueur du trajet dans le condensateur, soit l. En vertu de cette action le rayon est dévié vers le plateau positif et décrit un arc de parabole; en sortant du champ il continue son chemin en ligne droite suivant la tangente à l'arc de parabole au point de sortie. On peut recevoir le rayon sur une plaque photographique normale à sa direction primitive. On observe l'impression produite sur la plaque quand le champ est nul et quand le champ a une valeur connue, et l'on déduit de là la valeur de la déviation δ, qui est la distance des points, où la nouvelle direction du rayon et sa direction primitive rencontrent un même plan normal à la direction primitive. Si h est la distance de ce plan au condensateur, c'est-à-dire à la limite du champ, on a, par un calcul simple,

$$\delta = \frac{e \, F \, l \left(\frac{l}{2} + h \right)}{m v^2},$$

m étant la masse de la particule en mouvement, e sa charge, v sa vitesse et F la valeur du champ.

Les expériences de M. Becquerel lui ont permis de donner une valeur approchée de δ.

Rapport de la charge à la masse pour une particule, chargée négativement, émise par le radium. — Quand une particule matérielle, ayant la masse m et la charge négative e, est lancée avec une vitesse v dans un champ magnétique uniforme normal à sa vitesse initiale, cette particule décrit dans un plan normal au champ et passant par sa vitesse initiale un arc de cercle de rayon ρ

tel que, H étant la valeur du champ, on a la relation

$$\mathrm{H}\rho = \frac{m}{e}\, v.$$

Si l'on a mesuré pour un même rayon la déviation électrique δ et le rayon de courbure ρ dans un champ magnétique, on pourra, de ces deux expériences, tirer les valeurs du rapport $\frac{e}{m}$ et de la vitesse v.

Les expériences de M. Becquerel ont fourni une première indication à ce sujet. Elles ont donné pour le rapport $\frac{e}{m}$ une valeur approchée égale à 10^7 unités électromagnétiques absolues, et pour v une grandeur égale à $1,6 \times 10^{10}$. Ces valeurs sont du même ordre de grandeur que pour les rayons cathodiques.

Des expériences précises ont été faites sur le même sujet par M. Kaufmann ([1]). Ce physicien a soumis un faisceau très étroit de rayons du radium à l'action simultanée d'un champ électrique et d'un champ magnétique, les deux champs étant uniformes et ayant une même direction, normale à la direction primitive du faisceau. L'impression produite sur une plaque normale au faisceau primitif et placée au delà des limites du champ par rapport à la source prend la forme d'une courbe, dont chaque point correspond à l'un des rayons du faisceau primitif hétérogène. Les rayons les plus pénétrants et les moins déviables sont d'ailleurs ceux dont la vitesse est la plus grande.

Il résulte des expériences de M. Kaufmann que pour les rayons du radium, dont la vitesse est notablement supérieure à celle des rayons cathodiques, le rapport $\frac{e}{m}$ va en diminuant quand la vitesse augmente.

([1]) KAUFMANN, *Nachrichten d. k. Gesell. d. Wiss. zu Gœttingen*, 1901, Heft 2.

D'après les travaux de J.-J. Thomson et de Townsend [1] nous devons admettre que la particule en mouvement, qui constitue le rayon, possède une charge e égale à celle transportée par un atome d'hydrogène dans l'électrolyse, cette charge étant la même pour tous les rayons. On est donc conduit à conclure que la masse de la particule m va en augmentant quand la vitesse augmente.

Or, des considérations théoriques conduisent à concevoir que l'inertie de la particule est précisément due à son état de charge en mouvement, la vitesse d'une charge électrique en mouvement ne pouvant être modifiée sans dépense d'énergie. Autrement dit, l'inertie de la particule est d'origine électromagnétique, et la masse de la particule est au moins en partie une masse apparente ou masse électromagnétique. M. Abraham [2] va plus loin et suppose que la masse de la particule est entièrement une masse électromagnétique. Si dans cette hypothèse on calcule la valeur de cette masse m pour une vitesse connue v, on trouve que m tend vers l'infini quand v tend vers la vitesse de la lumière, et que m tend vers une valeur constante quand la vitesse v est très inférieure à celle de la lumière. Les expériences de M. Kaufmann sont en accord avec les résultats de cette théorie dont l'importance est grande, puisqu'elle permet de prévoir la possibilité d'établir les bases de la mécanique sur la dynamique de petits centres matériels chargés en état de mouvement [3].

[1] Thomson, *Phil. Mag.*, t. XLVI, 1898.— Townsend, *Phil. Trans.*, t. CXCV, 1901.

[2] Abraham, *Nachrichten d. k. Gesell. d. Wiss. zu Gœttingen*, 1902, Heft 1.

[3] Quelques développements sur cette question ainsi qu'une étude très complète des centres matériels chargés (électrons ou corpuscules) et les références des travaux relatifs se trouvent dans la Thèse de M. Langevin.

C.   5

                M. CURIE.

Voici les nombres obtenus par M. Kaufmann pour $\frac{e}{m}$ et φ :

$\frac{e}{m}$ unités électromagnétiques.	$\varphi\ \frac{cm}{sec}$.	
$1,865 \times 10^7$........	$0,7 \times 10^{10}$	pour les rayons catho-diques (Simon).
$1,31 \times 10^7$........	$2,36 \times 10^{10}$	
$1,17$ »	$2,48$ »	
$0,97$ »	$2,59$ »	pour les rayons du ra-dium (Kaufmann).
$0,77$ »	$2,72$ »	
$0,63$ »	$2,83$ »	

M. Kaufmann conclut de la comparaison de ses expériences avec la théorie, que la valeur limite du rapport $\frac{e}{m}$ pour les rayons du radium de vitesse relativement faible serait la même que la valeur de $\frac{e}{m}$ pour les rayons cathodiques.

Les expériences les plus complètes de M. Kaufmann ont été faites avec un grain minuscule de chlorure de radium pur, que nous avons mis à sa disposition.

D'après les expériences de M. Kaufmann certains rayons β du radium possèdent une vitesse très voisine de celle de la lumière. On comprend que ces rayons si rapides puissent jouir d'un pouvoir pénétrant très grand vis-à-vis de la matière.

Action du champ magnétique sur les rayons α. — Dans un travail récent, M. Rutherford a annoncé([1]) que dans un champ magnétique ou électrique puissant, les rayons α du radium sont légèrement déviés à la façon de particules électrisées positivement et animées d'une grande vitesse. M. Rutherford conclut de ses expériences

---

([1]) Rutherford, *Physik. Zeitschrift*, 15 janvier 1903.

que la vitesse des rayons α est de l'ordre de grandeur $2,5 \times 10^9 \frac{\text{cm}}{\text{sec}}$ et que le rapport $\frac{e}{m}$ pour ces rayons est de l'ordre de grandeur 6×10^3, soit 10^4 fois plus grand que pour les rayons déviables β. On verra plus loin que ces conclusions de M. Rutherford sont en accord avec les propriétés antérieurement connues du rayonnement α, et qu'elles rendent compte, au moins en partie, de la loi d'absorption de ce rayonnement.

Les expériences de M. Rutherford ont été confirmées par M. Becquerel. M. Becquerel a montré, de plus, que les rayons du polonium se comportent dans un champ magnétique comme les rayons α du radium et qu'ils semblent prendre, à champ égal, la même courbure que ces derniers. Il résulte aussi des expériences de M. Becquerel que les rayons α ne semblent pas former de spectre magnétique, mais se comportent plutôt comme un rayonnement homogène, tous les rayons étant également déviés ([1]).

M. Des Coudres a fait une mesure de la déviation électrique et de la déviation magnétique des rayons α du radium dans le vide. Il a trouvé pour la vitesse de ces rayons $v = 1,65 \times 10^9 \frac{\text{cm}}{\text{sec}}$ et pour le rapport de la charge à la masse $\frac{e}{m} = 6400$ en unités électromagnétiques ([2]). La vitesse des rayons α est donc environ 20 fois plus faible que celle de la lumière. Le rapport $\frac{e}{m}$ est du même ordre de grandeur que celui que l'on trouve pour l'hydrogène dans l'électrolyse : $\frac{e}{m} = 9650$. Si donc on admet que la charge de chaque projectile est la même que celle d'un atome d'hydrogène dans l'électrolyse, on en conclut que

---

([1]) BECQUEREL, *Comptes rendus* des 26 janvier et 16 février 1903.

([2]) DES COUDRES, *Physik. Zeitschrift*, 1er juin 1903.

la masse de ce projectile est du même ordre de grandeur
que celle d'un atome d'hydrogène.

Or nous venons de voir que, pour les rayons cathodiques et pour les rayons β du radium les plus lents, le
rapport $\frac{e}{m}$ est égal à $1,865 \times 10^7$; ce rapport est donc
environ 2000 fois plus grand que celui obtenu dans l'électrolyse. La charge de la particule chargée négativement
étant supposée la même que celle d'un atome d'hydrogène,
sa masse limite pour les vitesses relativement faibles
serait donc environ 2000 fois plus petite que celle d'un
atome d'hydrogène.

Les projectiles qui constituent les rayons β sont donc
à la fois beaucoup plus petits et animés d'une vitesse
plus grande que ceux qui constituent les rayons α. On
comprend alors facilement que les premiers possèdent un
pouvoir pénétrant bien plus grand que les seconds.

*Action du champ magnétique sur les rayons des
autres substances radioactives.* — On vient de voir que
le radium émet des rayons α assimilables aux rayons
canaux, des rayons β assimilables aux rayons cathodiques
et des rayons pénétrants et non déviables γ. Le polonium
n'émet que des rayons α. Parmi les autres substances
radioactives, l'actinium semble se comporter comme le
radium, mais l'étude du rayonnement de ce corps n'est
pas encore aussi avancée que celle du rayonnement du
radium. Quant aux substances faiblement radioactives,
on sait aujourd'hui que l'uranium et le thorium émettent
aussi bien des rayons α que des rayons déviables β
(Becquerel, Rutherford).

*Proportion des rayons déviables β dans le rayonne-
ment du radium.* — Comme je l'ai déjà dit, la proportion des rayons β va en augmentant, à mesure qu'on s'é-
loigne de la source radiante. Toutefois, ces rayons ne se

montrent jamais seuls, et pour les grandes distances on observe aussi toujours la présence de rayons γ. La présence de rayons non déviables très pénétrants dans le rayonnement du radium a été, pour la première fois, observée par M. Villard ([1]). Ces rayons ne constituent qu'une faible partie du rayonnement mesuré par la méthode électrique, et leur présence nous avait échappé dans nos premières expériences, de sorte que nous croyions alors à tort que le rayonnement à grande distance ne contenait que des rayons déviables.

Voici les résultats numériques obtenus dans des expériences faites par la méthode électrique avec un appareil analogue à celui de la figure 5. Le radium n'était séparé du condensateur que par l'air ambiant. Je désigne par d la distance de la source radiante au condensateur. En supposant égal à 100 le courant obtenu sans champ magnétique pour chaque distance, les nombres de la deuxième ligne indiquent le courant qui subsiste quand le champ agit. Ces nombres peuvent être considérés comme donnant le pourcentage de l'ensemble des rayons α et γ, la déviation des rayons α n'ayant guère pu être observée avec le dispositif employé.

Aux grandes distances on n'a plus de rayons α, et le rayonnement non dévié est alors du genre γ seulement.

Expériences faites à petite distance :

d en centimètres	3,4	5,1	6,0	6,5
Pour 100 de rayons non déviés.	74	56	33	11

Expériences faites aux grandes distances, avec un produit considérablement plus actif que celui qui avait servi pour la série précédente :

d en centimètres	14	30	53	80	98	124	157
Pour 100 de rayons déviés..	12	14	17	14	16	14	11

([1]) VILLARD, *Comptes rendus,* t. CXXX, p. 1010.

On voit, qu'à partir d'une certaine distance, la proportion des rayons non déviés dans le rayonnement est approximativement constante. Ces rayons appartiennent probablement tous à l'espèce γ. Il n'y a pas à tenir compte outre mesure des irrégularités dans les nombres de la seconde ligne, si l'on envisage que l'intensité totale du courant dans les deux expériences extrêmes était dans le rapport de 660 à 10. Les mesures ont pu être poursuivies jusqu'à une distance de $1^m,57$ de la source radiante, et nous pourrions aller encore plus loin actuellement.

Voici une autre série d'expériences, dans lesquelles le radium était enfermé dans un tube de verre très étroit, placé au-dessous du condensateur et parallèlement aux plateaux. Les rayons émis traversaient une certaine épaisseur de verre et d'air, avant d'entrer dans le condensateur.

d en centimètres.	2,5	3,3	4,1	5,9	7,5	9,6	11,3	13,9	17,2
Pour 100 de rayons non déviés.....	33	33	21	16	14	10	9	9	10

Comme dans les expériences précédentes, les nombres de la seconde ligne tendent vers une valeur constante quand la distance d croît, mais la limite est sensiblement atteinte pour des distances plus petites que dans les séries précédentes, parce que les rayons α ont été plus fortement absorbés par le verre que les rayons β et γ.

Voici une autre expérience qui montre qu'une lame d'aluminium mince (épaisseur $0^{mm},01$) absorbe principalement les rayons α. Le produit étant placé à 5^{cm} du condensateur, on trouve en faisant agir le champ magnétique que la proportion des rayons autres que β est de 71 pour 100. Le même produit étant recouvert de la lame d'aluminium, et la distance restant la même, on trouve que le rayonnement transmis est presque totalement dévié par le champ magnétique, les rayons α ayant été absorbés par la lame. On obtient le même résultat en employant le papier comme écran absorbant.

La plus grosse partie du rayonnement du radium est formée par des rayons α qui sont probablement émis surtout par la couche superficielle de la matière radiante. Quand on fait varier l'épaisseur de la couche de la matière radiante, l'intensité du courant augmente avec cette épaisseur; l'augmentation n'est pas proportionnelle à l'accroissement d'épaisseur pour la totalité du rayonnement; elle est d'ailleurs plus notable sur les rayons β que sur les rayons α, de sorte que la proportion de rayons β va en croissant avec l'épaisseur de la couche active. La source radiante étant placée à une distance de 5^{cm} du condensateur, on trouve que, pour une épaisseur égale à $0^{mm},4$ de la couche active, le rayonnement total est donné par le nombre 28 et la proportion des rayons β est de 29 pour 100. En donnant à la couche active l'épaisseur de 2^{mm}, soit 5 fois plus grande, on obtient un rayonnement total égal à 102 et une proportion de rayons déviables β égale à 45 pour 100. Le rayonnement total qui subsiste à cette distance a donc été augmenté dans le rapport 3,6 et le rayonnement déviable β est devenu environ 5 fois plus fort.

Les expériences précédentes ont été faites par la méthode électrique. Quand on opère par la méthode radiographique, certains résultats semblent, en apparence, être en contradiction avec ce qui précède. Dans les expériences de M. Villard, un faisceau de rayons du radium soumis à l'action d'un champ magnétique était reçu sur une pile de plaques photographiques. Le faisceau non déviable et pénétrant γ traversait toutes les plaques et marquait sa trace sur chacune d'elles. Le faisceau dévié β produisait une impression sur la première plaque seulement. Ce faisceau paraissait donc ne point contenir de rayons de grande pénétration.

Au contraire, dans nos expériences, un faisceau qui se propage dans l'air contient aux plus grandes distances accessibles à l'observation $\frac{9}{10}$ environ de rayons déviables β, et il en est encore de même, quand la source radiante est enfermée dans une petite ampoule de verre scellée. Dans les expériences de M. Villard, ces rayons déviables et pénétrants β n'impressionnent pas les plaques photographiques placées au delà de la première, parce qu'ils sont en grande partie diffusés dans tous les sens par le premier obstacle solide rencontré et cessent de former un faisceau. Dans nos expériences, les rayons émis par le radium et transmis par le verre de l'ampoule étaient probablement aussi diffusés par le verre, mais l'ampoule étant très petite, fonctionnait alors elle-même comme une source de rayons déviables β partant de sa surface, et nous avons pu observer ces derniers jusqu'à une grande dis-' tance de l'ampoule.

Les rayons cathodiques des tubes de Crookes ne peuvent traverser que des écrans très minces (écrans d'aluminium jusqu'à $0^{mm},01$ d'épaisseur). Un faisceau de rayons qui arrive normalement sur l'écran est diffusé dans tous les sens; mais la diffusion est d'autant moins importante que l'écran est plus mince, et pour des écrans très minces il existe un faisceau sortant qui est sensiblement le prolongement du faisceau incident (¹).

Les rayons déviables β du radium se comportent d'une manière analogue, mais le faisceau déviable transmis éprouve, à épaisseur d'écran égale, une modification beaucoup moins profonde. D'après les expériences de M. Becquerel, les rayons β très fortement déviables du radium (ceux dont la vitesse est relativement faible) sont fortement diffusés par un écran d'aluminium de $0^{mm},1$ d'épaisseur; mais les rayons pénétrants et peu déviables (rayons

____

(¹) Des Coudres, *Physik. Zeitschrift*, novembre 1902.

genre cathodique de grande vitesse) traversent ce même écran sans aucune diffusion sensible, et sans que le faisceau qu'ils constituent soit déformé, et cela quelle que soit l'inclinaison de l'écran par rapport au faisceau. Les rayons β de grande vitesse traversent sans diffusion une épaisseur bien plus grande de paraffine (quelques centimètres), et l'on peut suivre dans celle-ci la courbure du faisceau produite par le champ magnétique. Plus l'écran est épais et plus sa matière est absorbante, plus le faisceau déviable primitif est altéré, parce que, à mesure que l'épaisseur de l'écran croît, la diffusion commence à se faire sentir sur de nouveaux groupes de rayons de plus en plus pénétrants.

L'air produit sur les rayons β du radium qui le traversent une diffusion, qui est très sensible pour les rayons fortement déviables, mais qui est cependant bien moins importante que celle qui est due à des épaisseurs égales de matières solides traversées. C'est pourquoi les rayons déviables β du radium se propagent dans l'air à de grandes distances.

Pouvoir pénétrant du rayonnement des corps radioactifs. — Dès le début des recherches sur les corps radioactifs, on s'est préoccupé de l'absorption produite par divers écrans sur les rayons émis par ces substances. J'ai donné dans une première Note relative à ce sujet ([1]) plusieurs nombres cités au début de ce travail, indiquant la pénétration relative des rayons uraniques et thoriques. M. Rutherford a étudié plus spécialement la radiation uranique ([2]) et prouvé qu'elle était hétérogène. M. Owens a conclu de même pour les rayons thoriques ([3]). Quand

---

([1]) Mme CURIE, *Comptes rendus*, avril 1898.
([2]) RUTHERFORD, *Phil. Mag.*, janvier 1899.
([3]) OWENS, *Phil. Mag.*, octobre 1899.

vint ensuite la découverte des substances fortement radioactives, le pouvoir pénétrant de leurs rayons fut aussitôt étudié par divers physiciens (Becquerel, Meyer et von Schweidler, Curie, Rutherford). Les premières observations mirent en évidence l'hétérogénéité du rayonnement qui semble être un phénomène général et commun aux substances radioactives ([1]). On se trouve là en présence de sources, qui émettent un ensemble de radiations, dont chacune a un pouvoir pénétrant qui lui est propre. La question se complique encore par ce fait, qu'il y a lieu de rechercher en quelle mesure la nature de la radiation peut se trouver modifiée par le passage à travers les substances matérielles et que, par conséquent, chaque ensemble de mesures n'a une signification précise que pour le dispositif expérimental employé.

Ces réserves étant faites, on peut chercher à coordonner les diverses expériences et à exposer l'ensemble des résultats acquis.

Les corps radioactifs émettent des rayons qui se propagent dans l'air et dans le vide. La propagation est rectiligne; ce fait est prouvé par la netteté et la forme des ombres fournies par l'interposition de corps, opaques au rayonnement, entre la source et la plaque sensible ou l'écran fluorescent qui sert de récepteur, la source ayant des dimensions petites par rapport à sa distance au récepteur. Diverses expériences qui prouvent la propagation rectiligne des rayons émis par l'uranium, le radium et le polonium ont été faites par M. Becquerel ([2]).

La distance à laquelle les rayons peuvent se propager dans l'air à partir de la source est intéressante à connaître. Nous avons constaté que le radium émet des

---

([1]) BECQUEREL, *Rapports au Congrès de Physique*, 1900. — MEYER et von SCHWEIDLER, *Comptes rendus de l'Acad. de Vienne*, mars 1900 (*Physik. Zeitschrift*, t. I, p. 209).

([2]) BECQUEREL, *Comptes rendus*, t. CXXX, p. 979 et 1154.

rayons qui peuvent être observés dans l'air à plusieurs mètres de distance. Dans certaines de nos mesures électriques, l'action de la source sur l'air du condensateur s'exerçait à une distance comprise entre 2^m et 3^m. Nous avons également obtenu des effets de fluorescence et des impressions radiographiques à des distances du même ordre de grandeur. Ces expériences ne peuvent être faites facilement qu'avec des sources radioactives très intenses, parce que, indépendamment de l'absorption exercée par l'air, l'action sur un récepteur donné varie en raison inverse du carré de la distance à une source de petites dimensions. Ce rayonnement, qui se propage à grande distance du radium, comprend aussi bien des rayons genre cathodique que des rayons non déviables; cependant, les rayons déviables dominent de beaucoup, d'après les expériences que j'ai citées plus haut. Quant à la grosse masse du rayonnement (rayons α), elle est, au contraire, limitée dans l'air à une distance de 7^{cm} environ de la source.

J'ai fait quelques expériences avec du radium enfermé dans une petite ampoule de verre. Les rayons qui sortaient de cette ampoule franchissaient un certain espace d'air et étaient reçus dans un condensateur, qui servait à mesurer leur pouvoir ionisant par la méthode électrique ordinaire. On faisait varier la distance d de la source au condensateur et l'on mesurait le courant de saturation i obtenu dans le condensateur. Voici les résultats d'une des séries de mesures :

d cm.	i.	$(i \times d^2) \times 10^{-3}$.
10	127	13
20	38	15
30	17,4	16
40	10,5	17
50	6,9	17
60	4,7	17
70	3,8	19
100	1,65	17

A partir d'une certaine distance, l'intensité du rayonnement varie sensiblement en raison inverse du carré de la distance au condensateur.

Le rayonnement du polonium ne se propage dans l'air qu'à une distance de quelques centimètres (4^{cm} à 6^{cm}) de la source radiante.

Si l'on considère l'absorption des radiations par les écrans solides, on constate là encore une différence fondamentale entre le radium et le polonium. Le radium émet des rayons capables de traverser une grande épaisseur de matière solide, par exemple quelques centimètres de plomb ou de verre (¹). Les rayons qui ont traversé une grande épaisseur d'un corps solide sont extrêmement pénétrants, et, pratiquement, on n'arrive plus, pour ainsi dire, à les faire absorber intégralement par quoi que ce soit. Mais ces rayons ne constituent qu'une faible fraction du rayonnement total, dont la grosse masse est, au contraire, absorbée par une faible épaisseur de matière solide.

Le polonium émet des rayons extrêmement absorbables qui ne peuvent traverser que des écrans solides très minces.

Voici, à titre d'exemple, quelques nombres relatifs à l'absorption produite par une lame d'aluminium d'épaisseur égale à $0^{mm},01$. Cette lame était placée au-dessus et presque au contact de la substance. Le rayonnement direct et celui transmis par la lame étaient mesurés par la méthode électrique (appareil *fig.* 1); le courant de saturation était sensiblement atteint dans tous les cas. Je désigne par a l'activité de la substance radiante, celle de l'uranium étant prise comme unité.

(¹) M. et Mme CURIE, *Rapports au Congrès* 1900.

	a.	Fraction du rayonnement transmise par la lame.
Chlorure de baryum radifère....	57	0,32
Bromure » ...	43	0,30
Chlorure » ...	1200	0,30
Sulfate » ...	5000	0,29
Sulfate » ...	10000	0,32
Bismuth à polonium métallique.........		0,22
Composés d'urane....................		0,20
Composés de thorium en couche mince..		0,38

On voit que des composés radifères de nature et d'activité différentes donnent des résultats très analogues, ainsi que je l'ai indiqué déjà pour les composés d'urane et de thorium au début de ce travail. On voit aussi, que si l'on considère toute la masse du rayonnement, et pour la lame absorbante considérée, les diverses substances radiantes viennent se ranger dans l'ordre suivant de pénétration décroissante de leurs rayons : thorium, radium, polonium, uranium.

Ces résultats sont analogues à ceux qui ont été publiés par M. Rutherford dans un Mémoire relatif à cette question ([1]).

M. Rutherford trouve, d'ailleurs, que l'ordre est le même quand la substance absorbante est constituée par l'air. Mais il est probable que cet ordre n'a rien d'absolu et ne se maintiendrait pas indépendamment de la nature et de l'épaisseur de l'écran considéré. L'expérience montre, en effet, que la loi d'absorption est très différente pour le polonium et le radium et que, pour ce dernier, il y a lieu de considérer séparément l'absorption des rayons de chacun des trois groupes.

Le polonium se prête particulièrement à l'étude des rayons α, puisque les échantillons que nous possédons

---

([1]) Rutherford, *Phil. Mag.*, juillet 1902.

n'émettent point d'autres rayons. J'ai fait une première
série d'expériences avec des échantillons de polonium
extrêmement actifs et récemment préparés. J'ai trouvé
que les rayons du polonium sont d'autant plus absorbables, que l'épaisseur de matière qu'ils ont déjà traversée
est plus grande (¹). Cette loi d'absorption singulière est
contraire à celle que l'on connaît pour les autres rayonnements.

J'ai employé pour cette étude notre appareil de mesures de la conductibilité électrique avec le dispositif suivant :

Les deux plateaux d'un condensateur PP et P'P' (*fig.* 8) sont
horizontaux et abrités dans une boîte métallique BBBB en relation avec la terre. Le corps actif A, situé dans une boîte métallique épaisse CCCC faisant corps avec le plateau P'P', agit sur

Fig. 8.

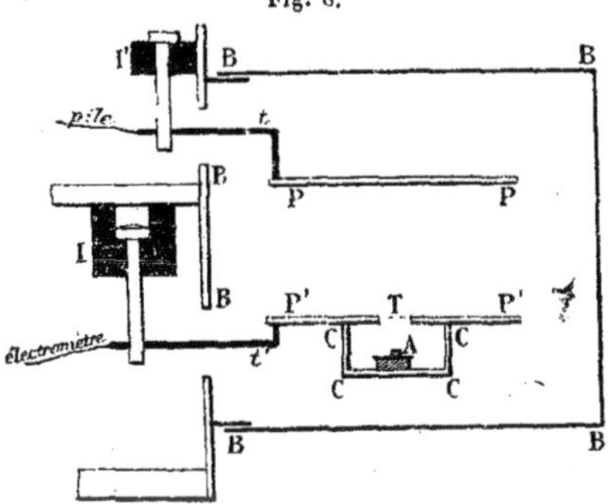

l'air du condensateur au travers d'une toile métallique T; les
rayons qui traversent la toile sont seuls utilisés pour la production du courant, le champ électrique s'arrêtant à la toile. On
peut faire varier la distance AT du corps actif à la toile. Le
champ entre les plateaux est établi au moyen d'une pile; la me-

(¹) Mme Curie, *Comptes rendus*, 8 janvier 1900.

sure du courant se fait au moyen d'un électromètre et d'un quartz piézoélectrique.

En plaçant en A sur le corps actif divers écrans et en modifiant la distance AT, on peut mesurer l'absorption des rayons qui font dans l'air des chemins plus ou moins grands.

Voici les résultats obtenus avec le polonium :

Pour une certaine valeur de la distance AT (4^{cm} et au-dessus), aucun courant ne passe : les rayons ne pénètrent pas dans le condensateur. Quand on diminue la distance AT, l'apparition des rayons dans le condensateur se fait d'une manière assez brusque, de telle sorte que, pour une petite diminution de la distance, on passe d'un courant très faible à un courant très notable; ensuite le courant s'accroît régulièrement quand on continue à rapprocher le corps radiant de la toile T.

Quand on recouvre la substance radiante d'une lame d'aluminium laminé de $\frac{1}{100}$ de millimètre d'épaisseur, l'absorption produite par la lame est d'autant plus forte que la distance AT est plus grande.

Si l'on place sur la première lame d'aluminium une deuxième lame pareille, chaque lame absorbe une fraction du rayonnement qu'elle reçoit, et cette fraction est plus grande pour la deuxième lame que pour la première, de telle façon que c'est la deuxième lame qui semble plus absorbante.

Dans le Tableau qui suit, j'ai fait figurer : dans la première ligne, les distances en centimètres entre le polonium et la toile T; dans la deuxième ligne, la proportion de rayons pour 100 transmise par une lame d'aluminium; dans la troisième ligne, la proportion de rayons pour 100 transmise par deux lames du même aluminium.

Distance AT....................	3,5	2,5	1,9	1,45	0,5
Pour 100 de rayons transmis par une lame...................	0	0	5	10	25
Pour 100 de rayons transmis par deux lames.................	0	0	0	0	0,7

Dans ces expériences, la distance des plateaux P et P'
était de 3^{cm}. On voit que l'interposition de la lame d'aluminium diminue l'intensité du rayonnement en plus forte
proportion dans les régions éloignées que dans les régions
rapprochées.

Cet effet est encore plus marqué que ne l'indiquent les
nombres qui précèdent. Ainsi, la pénétration de 25
pour 100, pour la distance $0^{cm},5$, représente la moyenne
de pénétration pour tous les rayons qui dépassent cette
distance, ceux extrêmes ayant une pénétration très faible.
Si l'on ne recueillait que les rayons compris entre $0^{cm},5$
et 1^{cm}, par exemple, on aurait une pénétration plus grande
encore. Et, en effet, si l'on rapproche le plateau P à une
distance $0^{cm},5$ de P', la fraction du rayonnement transmise
par la lame d'aluminium (pour $AT = 0^{cm},5$) est de 47
pour 100 et, à travers deux lames, elle est de 5 pour 100
du rayonnement primitif.

J'ai fait récemment une deuxième série d'expériences
avec ces mêmes échantillons de polonium dont l'activité
était considérablement diminuée, l'intervalle de temps
qui sépare les deux séries d'expériences étant de 3 ans.

Dans les expériences anciennes, le polonium était à
l'état de sous-nitrate; dans celles récentes, il était à l'état
de grains métalliques, obtenus par fusion du sous-nitrate
avec le cyanure de potassium.

J'ai constaté que le rayonnement du polonium avait
conservé les mêmes caractères essentiels, et j'ai trouvé
quelques résultats nouveaux. Voici, pour diverses valeurs de la distance AT, la fraction du rayonnement transmise par un écran formé par 4 feuilles très minces d'aluminium battu superposées :

Distance AT en centimètres	0	1,5	2,6
Pour 100 de rayons transmis par l'écran	76	66	39

J'ai constaté de même, que la fraction du rayonnement

absorbée par un écran donné croît avec l'épaisseur de
matière qui a déjà été traversée par le rayonnement, mais
cela a lieu seulement à partir d'une certaine valeur de la
distance AT. Quand cette distance est nulle (le polonium
étant tout contre la toile, en dehors ou en dedans du
condensateur), on observe que, de plusieurs écrans identiques superposés, chacun absorbe la même fraction du
rayonnement qu'il reçoit, autrement dit, l'intensité du
rayonnement diminue alors suivant une loi exponentielle
en fonction de l'épaisseur de matière traversée, comme
cela aurait lieu pour un rayonnement homogène et transmis
par la lame sans changement de nature.

Voici quelques résultats numériques relatifs à ces expériences :

Pour une distance AT égale à $1^{cm},5$, un écran en aluminium mince transmet la fraction $0,51$ du rayonnement
qu'il reçoit quand il agit seul, et la fraction $0,34$ seulement du rayonnement qu'il reçoit quand il est précédé
par un autre écran pareil à lui.

Au contraire, pour une distance AT égale à o, ce même
écran transmet dans les deux cas considérés la même
fraction du rayonnement qu'il reçoit et cette fraction est
égale à $0,71$; elle est donc plus grande que dans le cas
précédent.

Voici, pour une distance AT égale à o et pour une succession d'écrans très minces superposés, des nombres qui
indiquent pour chaque écran le rapport du rayonnement
transmis au rayonnement reçu :

Série de 9 feuilles de cuivre très minces.	Série de 7 feuilles d'aluminium très minces.
0,72	0,69
0,78	0,94
0,75	0,95
0,77	0,91
0,70	0,92

C.   6

Série de 9 feuilles de cuivre très minces.	Série de 7 feuilles d'aluminium très minces.
0,77	0,93
0,69	0,91
0,79	
0,68	

Étant données les difficultés d'emploi d'écrans très minces et de la superposition d'écrans au contact, les nombres de chaque colonne peuvent être considérés comme constants; seul, le premier nombre de la colonne relative à l'aluminium indique une absorption plus forte que celle indiquée par les nombres suivants.

Les rayons α du radium se comportent comme les rayons du polonium. On peut étudier ces rayons à peu près seuls en renvoyant les rayons bien plus déviables β de côté par l'emploi d'un champ magnétique; les rayons γ semblent, en effet, peu importants par rapport aux rayons α. Toutefois, on ne peut opérer ainsi qu'à partir d'une certaine distance de la source radiante. Voici les résultats d'une expérience de ce genre. On mesurait la fraction du rayonnement transmise par une lame d'aluminium de $0^{mm},01$ d'épaisseur; cette lame était placée toujours au même endroit, au-dessus et à petite distance de la source radiante. On observait, au moyen de l'appareil de la *fig.* 5, le courant produit dans le condensateur pour diverses valeurs de la distance AD, en présence et en absence de la lame.

Distance AD............................	6,0	5,1	3,4
Pour 100 de rayons transmis par l'aluminium.	3	7	24

Ce sont encore les rayons qui allaient le plus loin dans l'air qui sont le plus absorbés par l'aluminium. Il y a donc une grande analogie entre la partie absorbable α du rayonnement du radium et les rayons du polonium.

Les rayons déviables β et les rayons non déviables pénétrants γ sont, au contraire, de nature différente. Les expériences de divers physiciens, notamment de MM. Meyer et von Schweidler([1]), montrent clairement que, si l'on considère l'ensemble du rayonnement du radium, le pouvoir pénétrant de ce rayonnement augmente avec l'épaisseur de matière traversée, comme cela a lieu pour les rayons de Röntgen. Dans ces expériences, les rayons α interviennent à peine, parce que ces rayons sont pratiquement supprimés par des écrans absorbants très minces. Ce qui traverse, ce sont, d'une part, les rayons β plus ou moins diffusés, d'autre part, les rayons γ, qui semblent analogues aux rayons de Röntgen.

Voici les résultats de quelques-unes de mes expériences à ce sujet :

Le radium est enfermé dans une ampoule de verre. Les rayons qui sortent de l'ampoule traversent 30^{cm} d'air et sont reçus sur une série de plaques de verre d'épaisseur de $1^{mm},3$ chacune; la première plaque transmet 49 pour 100 du rayonnement qu'elle reçoit, la deuxième transmet 84 pour 100 du rayonnement qu'elle reçoit, la troisième transmet 85 pour 100 du rayonnement qu'elle reçoit.

Dans une autre série d'expériences, le radium était enfermé dans une ampoule de verre placée à 10^{cm} du condensateur qui recevait les rayons. On plaçait sur l'ampoule une série d'écrans de plomb identiques dont chacun avait une épaisseur de $0^{mm},115$.

Le rapport du rayonnement transmis au rayonnement reçu est donné pour chacune des lames successives par la série des nombres suivants :

$$0,40 \quad 0,60 \quad 0,72 \quad 0,79 \quad 0,89 \quad 0,92 \quad 0,94 \quad 0,94 \quad 0,97$$

Pour une série de 4 écrans en plomb dont chacun avait

([1]) Meyer et von Schweidler, *Physik. Zeitschrift*, t. I, p. 209.

$1^{mm},5$ d'épaisseur, le rapport du rayonnement transmis au rayonnement reçu était donné pour les lames successives par les nombres suivants :

$$0,09 \qquad 0,78 \qquad 0,84 \qquad 0,82$$

De ces expériences il résulte que, quand l'épaisseur de plomb traversée croît de $0^{mm},1$ à 6^{mm}, le pouvoir pénétrant du rayonnement va en augmentant.

J'ai constaté que, dans les conditions expérimentales indiquées, un écran de plomb de $1^{cm},8$ d'épaisseur transmet 2 pour 100 du rayonnement qu'il reçoit ; un écran de plomb de $5^{cm},3$ d'épaisseur transmet encore $0,4$ pour 100 du rayonnement qu'il reçoit. J'ai constaté également que le rayonnement transmis par une épaisseur de plomb égale à $1^{mm},5$ comprend une forte proportion de rayons déviables (genre cathodique). Ces derniers sont donc capables de traverser non seulement de grandes distances dans l'air, mais aussi des épaisseurs notables de substances solides très absorbantes telles que le plomb.

Quand on étudie avec l'appareil de la figure 2 l'absorption exercée par une lame d'aluminium de $0^{mm},01$ d'épaisseur sur l'ensemble du rayonnement du radium, la lame étant toujours placée à la même distance de la substance radiante, et le condensateur étant placé à une distance variable AD, les résultats obtenus sont la superposition de ce qui est dû aux trois groupes du rayonnement. Si l'on observe à grande distance, les rayons pénétrants dominent et l'absorption est faible ; si l'on observe à petite distance, les rayons α dominent et l'absorption est d'autant plus faible qu'on se rapproche plus de la substance ; pour une distance intermédiaire, l'absorption passe par un maximum et la pénétration par un minimum.

Distance AD	7,1	6,5	6,0	5,1	3,4
Pour 100 de rayons transmis par l'aluminium	91	82	58	41	48

Toutefois, certaines expériences relatives à l'absorption
mettent en évidence une certaine analogie entre les
rayons α et les rayons déviables β. C'est ainsi que M. Becquerel a trouvé que l'action absorbante d'un écran solide
sur les rayons β augmente avec la distance de l'écran à la
source, de sorte que, si les rayons sont soumis à un champ
magnétique comme dans la figure 4, un écran placé contre
la source radiante laisse subsister une portion plus grande
du spectre magnétique que le même écran placé sur la
plaque photographique. Cette variation de l'effet absorbant de l'écran avec la distance de cet écran à la source
est analogue à ce qui a lieu pour les rayons α; elle a été
vérifiée par MM. Meyer et von Schweidler, qui opéraient
par la méthode fluoroscopique; M. Curie et moi nous
avons observé le même fait en nous servant de la méthode
électrique. Les conditions de production de ce phénomène
n'ont pas encore été étudiées. Cependant, quand le radium est enfermé dans un tube de verre et placé à assez
grande distance d'un condensateur qui est lui-même enfermé dans une boîte d'aluminium mince, il est indifférent de placer l'écran contre la source ou contre le condensateur; le courant obtenu est alors le même dans les
deux cas.

L'étude des rayons α m'avait amenée à considérer que
ces rayons se comportent comme des projectiles lancés
avec une certaine vitesse et qui perdent de leur force vive
en franchissant des obstacles ([1]). Ces rayons jouissent
pourtant de la propagation rectiligne comme l'a montré
M. Becquerel dans l'expérience suivante. Le polonium
émettant les rayons était placé dans une cavité linéaire très
étroite, creusée dans une feuille de carton. On avait ainsi
une source linéaire de rayons. Un fil de cuivre de $1^{mm},5$
de diamètre était placé parallèlement en face de la source

([1]) Mme CURIE, *Comptes rendus*, 8 janvier 1900.

à une distance de 4^{mm}, 9. Une plaque photographique était placée parallèlement à une distance de 8^{mm}, 65 au delà. Après une pose de 10 minutes, l'ombre géométrique du fil était reproduite d'une façon parfaite, avec les dimensions prévues et une pénombre très étroite de chaque côté correspondant bien à la largeur de la source. La même expérience réussit également bien en plaçant contre le fil une double feuille d'aluminium battu que les rayons sont obligés de traverser.

Il s'agit donc bien de rayons capables de donner des ombres géométriques parfaites. L'expérience avec l'aluminium montre que ces rayons ne sont pas diffusés en traversant la lame, et que cette lame n'émet pas, tout au moins en quantité importante, des rayons secondaires analogues aux rayons secondaires des rayons de Röntgen.

Les rayons α sont ceux qui semblent actifs dans la très belle expérience réalisée dans le *spinthariscope* de M. Crookes ([1]). Cet appareil se compose essentiellement d'un grain de sel de radium maintenu à l'extrémité d'un fil métallique en face d'un écran au sulfure de zinc phosphorescent. Le grain de radium est à une très petite distance de l'écran (0^{mm}, 5, par exemple), et l'on regarde au moyen d'une loupe la face de l'écran tournée vers le radium. Dans ces conditions l'œil aperçoit sur l'écran une véritable pluie de points lumineux qui apparaissent et disparaissent continuellement. L'écran présente l'aspect d'un ciel étoilé. Les points brillants sont plus rapprochés dans les régions de l'écran voisines du radium, et dans le voisinage immédiat de celui-ci la lueur paraît continue. Le phénomène ne semble pas altéré par les courants d'air; il se produit dans le vide; un écran même très mince placé entre le radium et l'écran phosphorescent le supprime; il semble donc bien que le phénomène soit

---

([1]) *Chem. news,* 3 avril 1903.

dû à l'action des rayons α les plus absorbables du radium.

On peut imaginer que l'apparition d'un des points lumineux sur l'écran phosphorescent est provoquée par le choc d'un projectile isolé. Dans cette manière de voir, on aurait affaire, pour la première fois, à un phénomène permettant de distinguer l'action individuelle d'une particule dont les dimensions sont du même ordre de grandeur que celles d'un atome.

L'aspect des points lumineux est le même que celui des étoiles ou des objets ultra-microscopiques fortement éclairés qui ne produisent pas sur la rétine des images nettes, mais des taches de diffraction; et ceci est bien en accord avec la conception que chaque point lumineux extrêmement petit est produit par le choc d'un seul atome.

Les rayons pénétrants non déviables γ semblent être de tout autre nature et semblent analogues aux rayons Röntgen. Rien ne prouve, d'ailleurs, que des rayons peu pénétrants de même nature ne puissent exister dans le rayonnement du radium, car ils pourraient être masqués par le rayonnement corpusculaire.

On vient de voir combien le rayonnement des corps radioactifs est un phénomène complexe. Les difficultés de son étude viennent s'augmenter par cette circonstance, qu'il y a lieu de rechercher, si ce rayonnement éprouve de la part de la matière une absorption sélective seulement, ou bien aussi une transformation plus ou moins profonde.

On ne sait encore que peu de choses relativement à cette question. Toutefois, si l'on admet que le rayonnement du radium comporte à la fois des rayons genre cathodique et des rayons genre Röntgen, on peut s'attendre à ce que ce rayonnement éprouve des transformations en traversant les écrans. On sait, en effet : 1° que les rayons cathodiques qui sortent du tube de Crookes à travers une fenêtre d'aluminium (expérience de Lenard) sont fortement

diffusés par l'aluminium, et que, de plus, la traversée de
l'écran entraîne une diminution de la vitesse des rayons;
c'est ainsi que des rayons cathodiques d'une vitesse égale
à $1,4 \times 10^{10}$ centimètres perdent 10 pour 100 de leur
vitesse en traversant $0^{mm},01$ d'aluminium ([1]); 2° les rayons
cathodiques, en frappant un obstacle, donnent lieu à la
production de rayons de Röntgen; 3° les rayons Röntgen,
en frappant un obstacle solide, donnent lieu à une production de *rayons secondaires,* qui sont en partie des
rayons cathodiques ([2]).

On peut donc, par analogie, prévoir l'existence de tous
les phénomènes précédents pour les rayons des substances
radioactives.

En étudiant la transmission des rayons du polonium à
travers un écran d'aluminium, M. Becquerel n'a observé
ni production de rayons secondaires ni transformation en
rayons genre cathodique ([3]).

J'ai cherché à mettre en évidence une transformation
des rayons du polonium, en employant la méthode de l'interversion des écrans : deux écrans superposés E_1 et E_2
étant traversés par les rayons, l'ordre dans lequel ils sont
traversés doit être indifférent, si le passage au travers
des écrans ne transforme pas les rayons; si, au contraire,
chaque écran transforme les rayons en les transmettant,
l'ordre des écrans n'est pas indifférent. Si, par exemple,
les rayons se transforment en rayons plus absorbables en
traversant du plomb, et que l'aluminium ne produise pas
un effet du même genre avec la même importance, alors
le système plomb-aluminium paraîtra plus opaque que le
système aluminium-plomb; c'est ce qui a lieu pour les
rayons Röntgen.

([1]) DES COUDRES, *Physik. Zeitschrift,* novembre 1902.
([2]) SAGNAC, *Thèse de doctorat.* — CURIE et SAGNAC, *Comptes
rendus,* avril 1900.
([3]) BECQUEREL, *Rapports au Congrès de Physique,* 1900.

Mes expériences indiquent que ce phénomène se produit avec les rayons du polonium. L'appareil employé était celui de la figure 8. Le polonium était placé dans la boîte CCCC et les écrans absorbants, nécessairement très minces, étaient placés sur la toile métallique T.

Écrans employés.	Épaisseur.	Courant observé
	mm	
Aluminium	0,01	17,9
Laiton	0,005	
Laiton	0,005	6,7
Aluminium	0,01	
Aluminium	0,01	150
Étain	0,005	
Étain	0,005	125
Aluminium	0,01	
Étain	0,005	13,9
Laiton	0,005	
Laiton	0,005	4,4
Étain	0,005	

Les résultats obtenus prouvent que le rayonnement est modifié en traversant un écran solide. Cette conclusion est d'accord avec les expériences dans lesquelles, de deux lames métalliques identiques et superposées, la première se montre moins absorbante que la suivante. Il est probable, d'après cela, que l'action transformatrice d'un écran est d'autant plus grande que cet écran est plus loin de la source. Ce point n'a pas été vérifié, et la nature de la transformation n'a pas encore été étudiée en détail.

J'ai répété les mêmes expériences avec un sel de radium très actif. Le résultat a été négatif. Je n'ai observé que des variations insignifiantes dans l'intensité de la radiation transmise lors de l'interversion de l'ordre des écrans. Les systèmes d'écrans essayés ont été les suivants :

		mm			mm
Aluminium, épaisseur..		0,55	Platine, épaisseur..		0,01
»	» ..	0,55	Plomb	» ...	0,1

Aluminium, épaisseur..	mm 0,55	Étain, épaisseur ...	mm 0,005
» » ..	1,07	Cuivre » ...	0,05
» » ..	0,55	Laiton » ...	0,005
» » ..	1,07	Laiton » ...	0,005
» » ..	0,15	Platine » ...	0,01
» » ..	0,15	Zinc » ...	0,05
» » ..	0,15	Plomb » ...	0,1

Le système plomb-aluminium s'est montré légèrement plus opaque que celui aluminium-plomb, mais la différence n'est pas grande.

Je n'ai pu mettre ainsi en évidence une transformation notable des rayons du radium. Cependant, dans diverses expériences radiographiques, M. Becquerel a observé des effets très intenses dus aux rayons diffusés ou secondaires, émis par les écrans solides qui recevaient les rayons du radium. La substance la plus active, au point de vue de ces émissions secondaires, semble être le plomb.

Action ionisante des rayons du radium sur les liquides isolants. — M. Curie a montré que les rayons du radium et les rayons de Röntgen agissent sur les diélectriques liquides comme sur l'air, en leur communiquant une certaine conductibilité électrique (¹). Voici comment était disposée l'expérience (*fig.* 9).

Le liquide à expérimenter est placé dans un vase métallique CDEF, dans lequel plonge un tube de cuivre mince AB ; ces deux pièces métalliques servent d'électrodes. Le vase est maintenu à un potentiel connu, au moyen d'une batterie de petits accumulateurs, dont un pôle est à terre. Le tube AB est en relation avec l'électromètre. Lorsqu'un courant traverse le liquide, on maintient l'électromètre au zéro à l'aide d'un quartz piézoélec-

---

(¹) P. CURIE, *Comptes rendus de l'Académie des Sciences*, 17 février 1902.

trique qui donne la mesure du courant. Le tube de cuivre M N M′ N′, relié au sol, sert de tube de garde pour empêcher le passage du courant à travers l'air. Une ampoule contenant le sel de baryum radifère peut être placée au fond du tube AB ; les rayons agissent sur le liquide après

Fig. 9.

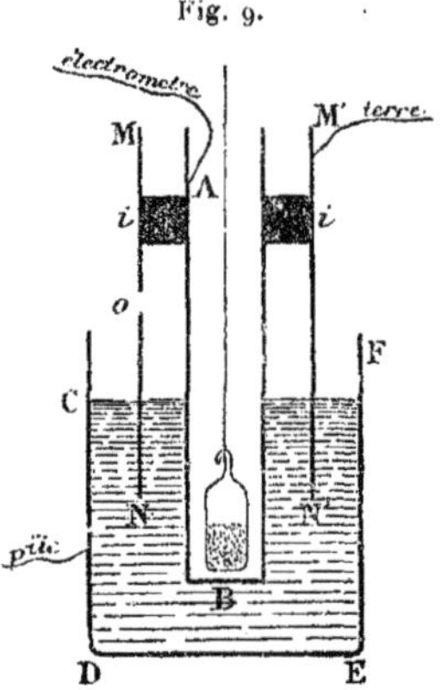

avoir traversé le verre de l'ampoule et les parois du tube métallique. On peut encore faire agir le radium en plaçant l'ampoule en dessous de la paroi DE.

Pour agir avec les rayons de Röntgen, on fait arriver ces rayons au travers de la paroi DE.

L'accroissement de conductibilité par l'action des rayons du radium ou des rayons de Röntgen semble se produire pour tous les diélectriques liquides; mais, pour constater cet accroissement, il est nécessaire que la conductibilité propre du liquide soit assez faible pour ne pas masquer l'effet des rayons.

En opérant avec le radium et les rayons de Röntgen, M. Curie a obtenu des effets du même ordre de grandeur.

Quand on étudie avec le même dispositif la conductibilité de l'air ou d'un autre gaz sous l'action des rayons
de Becquerel, on trouve que l'intensité du courant obtenu
est proportionnelle à la différence de potentiel entre les
électrodes, tant que celle-ci ne dépasse pas quelques volts;
mais pour des tensions plus élevées, l'intensité du courant croît de moins en moins vite, et le courant de saturation est sensiblement atteint pour une tension de
100 volts.

Les liquides étudiés avec le même appareil et avec le
même produit radiant très actif se comportent différem-
ment; l'intensité du courant est proportionnelle à la tension quand celle-ci varie entre 0 et 450 volts, et cela
même quand la distance des électrodes ne dépasse pas
6^{mm}. On peut alors considérer la *conductivité* provoquée
dans divers liquides par le rayonnement d'un sel de radium agissant dans les mêmes conditions.

Les nombres du Tableau suivant multipliés par 10^{-14}
donnent la conductivité en mhos (inverse d'ohm) pour 1^{cm^3} :

Sulfure de carbone	20
Éther de pétrole	15
Amylène	14
Chlorure de carbone	[illegible]
Benzine	4
Air liquide	1,3
Huile de vaseline	1,6

On peut cependant supposer que les liquides et les gaz
se comportent d'une façon analogue, mais que, pour les
liquides, le courant reste proportionnel à la tension jusqu'à une limite bien plus élevée que pour les gaz. On
pouvait, par analogie avec ce qui a lieu pour les gaz, chercher à abaisser la limite de proportionnalité en employant
un rayonnement beaucoup plus faible. L'expérience a vérifié cette prévision; le produit radiant employé était
150 fois moins actif que celui qui avait servi pour les

premières expériences. Pour des tensions de 50, 100, 200, 400 volts, les intensités du courant étaient représentées respectivement par les nombres 109, 185, 255, 335. La proportionnalité ne se maintient plus, mais le courant varie encore fortement quand on double la différence de potentiel.

Quelques-uns des liquides examinés sont des isolants à peu près parfaits, quand ils sont maintenus à température constante, et qu'ils sont à l'abri de l'action des rayons. Tels sont : l'air liquide, l'éther de pétrole, l'huile de vaseline, l'amylène. Il est alors très facile d'étudier l'effet des rayons. L'huile de vaseline est beaucoup moins sensible à l'action des rayons que l'éther de pétrole. Il convient peut-être de rapprocher ce fait de la différence de volatilité qui existe entre ces deux hydrocarbures. L'air liquide qui a bouilli pendant quelque temps dans le vase d'expérience est plus sensible à l'action des rayons que celui que l'on vient d'y verser ; la conductivité produite par les rayons est de $\frac{1}{4}$ plus grande dans le premier cas. M. Curie a étudié sur l'amylène et sur l'éther de pétrole l'action des rayons aux températures de $+ 10°$ et de $- 17°$. La conductivité due au rayonnement diminue de $\frac{1}{10}$ seulement de sa valeur, quand on passe de $10°$ à $- 17°$.

Dans les expériences où l'on fait varier la température du liquide on peut, soit maintenir le radium à la température ambiante, soit le porter à la même température que le liquide ; on obtient le même résultat dans les deux cas. Cela tient à ce que le rayonnement du radium ne varie pas avec la température, et conserve encore la même valeur même à la température de l'air liquide. Ce fait a été vérifié directement par des mesures.

Divers effets et applications de l'action ionisante des rayons émis par les substances radioactives. — Les rayons des nouvelles substances radioactives ionisent l'air fortement. On peut, par l'action du radium, provoquer facilement *la condensation de la vapeur d'eau sursaturée,* absolument comme cela a lieu par l'action des rayons cathodiques et des rayons Röntgen.

Sous l'influence des rayons émis par les substances radioactives nouvelles, la *distance explosive entre deux conducteurs métalliques pour une différence de potentiel donnée se trouve augmentée;* autrement dit, le passage de l'étincelle est facilité par l'action des rayons. Ce phénomène est dû à l'action des rayons les plus pénétrants. Si, en effet, on entoure le radium d'une enveloppe en plomb de 2^{cm}, l'action du radium sur l'étincelle n'est pas considérablement affaiblie, alors que le rayonnement qui traverse n'est qu'une très faible fraction du rayonnement total.

En rendant conducteur, par l'action des substances radioactives, l'air au voisinage de deux conducteurs métalliques, dont l'un est relié au sol et l'autre à un électromètre bien isolé, on voit l'électromètre prendre une déviation permanente, qui permet de mesurer la force électromotrice de la pile formée par l'air et les deux métaux (force électromotrice de contact des deux métaux, quand ils sont séparés par l'air). Cette méthode de mesures a été employée par lord Kelwin et ses élèves, la substance radiante étant l'uranium ([1]); une méthode analogue avait été antérieurement employée par M. Perrin qui utilisait l'action ionisante des rayons Röntgen ([2]).

On peut se servir des substances radioactives dans l'étude de l'électricité atmosphérique. La substance active est enfermée dans une petite boîte en aluminium mince, fixée à l'extrémité d'une tige métallique en relation avec l'électromètre. L'air est rendu conducteur au voisinage

---

([1]) Lord Kelwin, Beattie et Smolan, *Nature,* 1897.
([2]) Perrin, *Thèse de doctorat.*

de l'extrémité de la tige, et celle-ci prend le potentiel de l'air qui l'entoure. Le radium remplace ainsi avec avantage les flammes ou les appareils à écoulement d'eau de lord Kelwin, généralement employés jusqu'à présent dans l'étude de l'électricité atmosphérique (¹).

Effets de fluorescence, effets lumineux. — Les rayons émis par les nouvelles substances radioactives provoquent la fluorescence de certains corps. M. Curie et moi, nous avons tout d'abord découvert ce phénomène en faisant agir le polonium au travers d'une feuille d'aluminium sur une couche de platinocyanure de baryum. La même expérience réussit encore plus facilement avec du baryum radifère suffisamment actif. Quand la substance est fortement radioactive, la fluorescence produite est très belle.

Un grand nombre de substances sont susceptibles de devenir phosphorescentes ou fluorescentes par l'action des rayons de Becquerel. M. Becquerel a étudié l'action sur les sels d'urane, le diamant, la blende, etc. M. Bary a montré que les sels des métaux alcalins et alcalino-terreux, qui sont tous fluorescents sous l'action des rayons lumineux et des rayons Röntgen, sont également fluorescents sous l'action des rayons du radium (²). On peut également observer la fluorescence du papier, du coton, du verre, etc., au voisinage du radium. Parmi les différentes espèces de verre, le verre de Thuringe est particulièrement lumineux. Les métaux ne semblent pas devenir lumineux.

Le platinocyanure de baryum convient le mieux quand on veut étudier le rayonnement des corps radioactifs par la méthode fluoroscopique. On peut suivre l'effet des rayons du radium à des distances supérieures à 2ᵐ. Le sul-

---

(¹) PAULSEN, *Rapports au Congrès de Physique*, 1900. — WITKOWSKI, *Bulletin de l'Académie des Sciences de Cracovie*, janvier 1902.

(²) BARY, *Comptes rendus*, t. CXXX, 1900, p. 776.

fure de zinc phosphorescent est rendu extrêmement lumineux, mais ce corps a l'inconvénient de conserver la
luminosité pendant quelque temps, après que l'action
des rayons a été supprimée.

On peut observer la fluorescence produite par le radium
quand l'écran fluorescent est séparé du radium par des
écrans absorbants. Nous avons pu observer l'éclairement
d'un écran au platinocyanure de baryum à travers le corps
humain. Cependant, l'action est incomparablement plus
intense, quand l'écran est placé tout contre le radium et qu'il
n'en est séparé par aucun écran solide. Tous les groupes
de rayons semblent capables de produire la fluorescence.

Pour observer l'action du polonium il est nécessaire de
mettre la substance tout près de l'écran fluorescent sans
interposition d'écran solide, où tout au moins avec interposition d'un écran très mince seulement.

La luminosité des substances fluorescentes exposées à
l'action des substances radioactives baisse avec le temps.
En même temps la substance fluorescente subit une transformation. En voici quelques exemples :

Les rayons du radium transforment le platinocyanure
de baryum en une variété brune moins lumineuse (action
analogue à celle produite par les rayons Röntgen et décrite par M. Villard). Ils altèrent également le sulfate
d'uranyle et de potassium en le faisant jaunir. Le platinocyanure de baryum transformé est régénéré partiellement
par l'action de la lumière. Plaçons le radium au-dessous
d'une couche de platinocyanure de baryum étalée sur du
papier, le platinocyanure devient lumineux ; si l'on maintient le système dans l'obscurité, le platinocyanure s'altère,
et sa luminosité baisse considérablement. Mais, exposons
le tout à la lumière ; le platinocyanure est partiellement
régénéré, et si l'on reporte le tout dans l'obscurité, la
luminosité reparaît assez forte. On a donc, au moyen d'un
corps fluorescent et d'un corps radioactif, réalisé un sys-

tème qui fonctionne comme un corps phosphorescent à
longue durée de phosphorescence.

Le verre, qui est rendu fluorescent par l'action du radium,
se colore en brun ou en violet. En même temps, il devient
moins fluorescent. Si l'on chauffe ce verre ainsi altéré, il
se décolore, et en même temps que la décoloration se produit, le verre émet de la lumière. Après cela le verre a
repris la propriété d'être fluorescent au même degré
qu'avant la transformation.

Le sulfure de zinc qui a été exposé à l'action du radium
pendant un temps suffisant s'épuise peu à peu et perd la
faculté d'être phosphorescent, soit sous l'action du radium,
soit sous celle de la lumière.

Le diamant est rendu phosphorescent par l'action du
radium, et peut être distingué ainsi des imitations en strass,
dont la luminosité est très faible.

Tous les composés de baryum radifère *sont spontanément lumineux* (¹). Les sels haloïdes, anhydres et secs,
émettent une lumière particulièrement intense. Cette luminosité ne peut être vue à la grande lumière du jour,
mais on la voit facilement dans la demi-obscurité ou dans
une pièce éclairée à la lumière du gaz. La lumière émise
peut être assez forte, pour que l'on puisse lire en s'éclairant
avec un peu de produit dans l'obscurité. La lumière émise
émane de toute la masse du produit, tandis que, pour un
corps phosphorescent ordinaire, la lumière émane surtout
de la partie de la surface qui a été éclairée. A l'air humide
les produits radifères perdent en grande partie leur luminosité, mais ils la reprennent par dessèchement (Giesel).
La luminosité semble se conserver. Au bout de plusieurs
années aucune modification sensible ne semble s'être produite dans la luminosité de produits faiblement actifs,

---

(¹) Curie, *Société de Physique*, 3 mars 1899. — Giesel, *Wied.
Ann.*, t. LXIX, p. 91.

C.

gardés en tubes scellés à l'obscurité. Avec du chlorure de baryum radifère, très actif et très lumineux, la lumière change de teinte au bout de quelques mois; elle devient plus violacée et s'affaiblit beaucoup; en même temps le produit subit certaines transformations; en redissolvant le sel dans l'eau et en le séchant à nouveau, on obtient la luminosité primitive.

Les solutions de sels de baryum radifères, qui contiennent une forte proportion de radium, sont également lumineuses; on peut observer ce fait en plaçant la solution dans une capsule de platine qui, n'étant pas lumineuse elle-même, permet d'apercevoir la luminosité faible de la solution.

Quand une solution de sel de baryum radifère contient des cristaux qui s'y sont déposés, ces cristaux sont lumineux au sein de la solution, et ils le sont bien plus que la solution elle-même, de sorte que, dans ces conditions, ils semblent seuls lumineux.

M. Giesel a préparé du platinocyanure de baryum radifère. Quand ce sel vient de cristalliser, il a l'aspect du platinocyanure de baryum ordinaire, et il est très lumineux. Mais peu à peu le sel se colore spontanément et prend une teinte brune, en même temps que les cristaux deviennent dichroïques. A cet état, le sel est bien moins lumineux, quoique sa radioactivité ait augmenté (¹). Le platinocyanure de radium, préparé par M. Giesel, s'altère encore bien plus rapidement.

Les composés de radium constituent le premier exemple de substances spontanément lumineuses.

Dégagement de chaleur par les sels de radium. — Tout récemment MM. Curie et Laborde ont trouvé que *les sels de radium sont le siège d'un dégagement de*

(¹) Giesel, *Wied. Ann.*, t. LXIX, p. 91.

chaleur spontané et continu (¹). Ce dégagement de chaleur a pour effet de maintenir les sels de radium à une température plus élevée que la température ambiante; l'excès de température dépend d'ailleurs de l'isolement thermique de la substance. Cet excès de température peut être mis en évidence par une expérience grossière faite au moyen de deux thermomètres à mercure ordinaires. On utilise deux vases isolateurs thermiques à vide, identiques entre eux. Dans l'un des vases on place une ampoule de verre contenant 7^{dg} de bromure de radium pur; dans le deuxième vase on place une autre ampoule de verre toute pareille qui contient une substance inactive quelconque, par exemple du chlorure de baryum. La température de chaque enceinte est indiquée par un thermomètre dont le réservoir est placé au voisinage immédiat de l'ampoule. L'ouverture des isolateurs est fermée par du coton. Quand l'équilibre de température est établi, le thermomètre qui se trouve dans le même vase que le radium indique constamment une température supérieure à celle indiquée par l'autre thermomètre; l'excès de température observé était de 3°.

On peut évaluer la quantité de chaleur dégagée par le radium à l'aide du calorimètre à glace de Bunsen. En plaçant dans ce calorimètre une ampoule de verre qui contient le sel de radium, on constate un apport continu de chaleur qui s'arrête dès qu'on éloigne le radium. La mesure faite avec un sel de radium préparé depuis longtemps indique que chaque gramme de radium dégage environ 80 petites calories pendant chaque heure. Le radium dégage donc pendant une heure une quantité de chaleur suffisante pour fondre son poids de glace, et un atome gramme (225^{g}) de radium dégagerait en une heure $18\,000^{cal}$, soit une quantité de chaleur comparable à

____

(¹) Curie et Laborde, *Comptes rendus*, 16 mars 1903.

celle qui est produite par la combustion d'un atome
gramme (1^6) d'hydrogène. Un débit de chaleur aussi considérable ne saurait être expliqué par aucune réaction
chimique ordinaire, et cela d'autant plus que l'état du radium semble rester le même pendant des années. On
pourrait penser que le dégagement de chaleur est dû à
une transformation de l'atome de radium lui-même,
transformation nécessairement très lente. S'il en était
ainsi, on serait amené à conclure que les quantités d'énergie mises en jeu dans la formation et dans la transformation des atomes sont considérables et dépassent tout ce
qui nous est connu.

On peut encore évaluer la chaleur dégagée par le radium
à diverses températures en l'utilisant pour faire bouillir

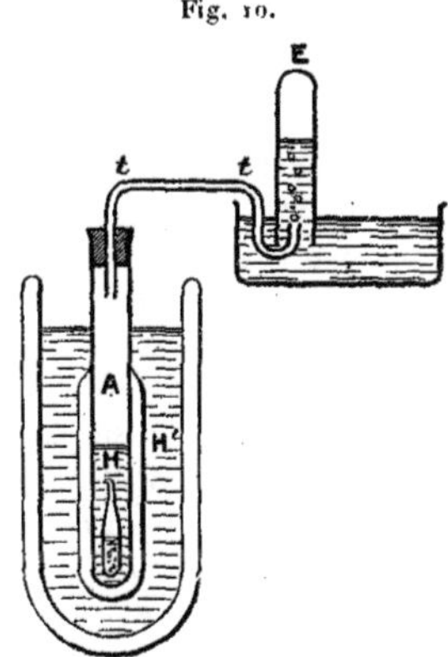

Fig. 10.

un gaz liquéfié et en mesurant le volume du gaz qui se
dégage. On peut faire cette expérience avec du chlorure de méthyle (à — 21°). L'expérience a été faite par
MM. Dewar et Curie avec l'oxygène liquide (à — 180°)

et avec l'hydrogène liquide (à — 252°). Ce dernier corps convient particulièrement bien pour réaliser l'expérience. Une éprouvette A, entourée d'un isolateur thermique à vide, contient de l'hydrogène liquide H (*fig.* 10); elle est munie d'un tube de dégagement t qui permet de recueillir le gaz dans une éprouvette graduée E remplie d'eau. L'éprouvette A et son isolateur plongent dans un bain d'hydrogène liquide H'. Dans ces conditions aucun dégagement gazeux ne se produit dans l'éprouvette A. Lorsque l'on introduit, dans l'hydrogène liquide contenu dans cette éprouvette, une ampoule qui contient 7^{dg} de bromure de radium, il se fait un dégagement continu de gaz, et l'on recueille 73^{cm^3} de gaz par minute.

Un sel de radium solide qui vient d'être préparé dégage une quantité de chaleur relativement faible; mais ce débit de chaleur augmente continuellement et tend vers une valeur déterminée qui n'est pas encore tout à fait atteinte au bout d'un mois. Quand on dissout dans l'eau un sel de radium et qu'on enferme la solution en tube scellé, la quantité de chaleur dégagée par la solution est d'abord faible; elle augmente ensuite et tend à devenir constante au bout d'un mois; le débit de chaleur est alors le même que celui dû au même sel à l'état solide.

Quand on a mesuré à l'aide du calorimètre Bunsen la chaleur dégagée par un sel de radium contenu dans une ampoule de verre, certains rayons pénétrants du radium traversent l'ampoule et le calorimètre sans y être absorbés. Pour voir si ces rayons emportent une quantité d'énergie appréciable, on peut refaire une mesure en entourant l'ampoule d'une feuille de plomb de 2^{mm} d'épaisseur; on trouve que, dans ces conditions, le dégagement de chaleur est augmenté de 4 pour 100 environ de sa valeur; l'énergie émise par le radium sous forme de rayons pénétrants n'est donc nullement négligeable.

*Effets chimiques produits par les nouvelles substances
radioactives. Colorations.* — Les radiations émises par
les substances fortement radioactives sont susceptibles de
provoquer certaines transformations, certaines réactions
chimiques. Les rayons émis par les produits radifères
exercent des actions colorantes sur le verre et la porce-
laine ([1]).

La coloration du verre, généralement brune ou violette,
est très intense; elle se produit dans la masse même du
verre, elle persiste après l'éloignement du radium. Tous
les verres se colorent en un temps plus ou moins long, et
la présence du plomb n'est pas nécessaire. Il convient de
rapprocher ce fait de celui, observé récemment, de la coloration des verres des tubes à vide producteurs des
rayons de Röntgen après un long usage.

M. Giesel a montré que les sels haloïdes cristallisés des
métaux alcalins (sel gemme, sylvine) se colorent sous
l'influence du radium, comme sous l'action des rayons cathodiques. M. Giesel montre que l'on obtient des colorations du même genre en faisant séjourner les sels alcalins
dans la vapeur de sodium ([2]).

J'ai étudié la coloration d'une collection de verres de
composition connue, qui m'a été obligeamment prêtée à
cet effet par M. Le Chatelier. Je n'ai pas observé de
grande variété dans la coloration. Elle est généralement
violette, jaune, brune ou grise. Elle semble liée à la présence des métaux alcalins.

Avec les sels alcalins purs cristallisés on obtient des colorations plus variées et plus vives; le sel, primitivement
blanc, devient bleu, vert, jaune brun, etc.

M. Becquerel a montré que le phosphore blanc est transformé en phosphore rouge par l'action du radium.

([1]) M. et Mme CURIE, *Comptes rendus,* t. CXXIX, novembre 1899,
p. 823.

([2]) GIESEL, *Soc. de Phys. allemande;* janvier 1900.

Le papier est altéré et coloré par l'action du radium. Il devient fragile, s'effrite et ressemble enfin à une passoire criblée de trous.

Dans certaines circonstances il y a production d'ozone dans le voisinage de composés très actifs. Les rayons qui sortent d'une ampoule scellée, renfermant du radium, ne produisent pas d'ozone dans l'air qu'ils traversent. Au contraire, une forte odeur d'ozone se dégage quand on ouvre l'ampoule. D'une manière générale l'ozone se produit dans l'air, quand il y a communication directe entre celui-ci et le radium. La communication par un conduit même extrêmement étroit est suffisante; il semble que la production d'ozone soit liée à la propagation de la radioactivité induite, dont il sera question plus loin.

Les composés radifères semblent s'altérer avec le temps, sans doute sous l'action de leur propre radiation. On a vu plus haut que les cristaux de chlorure de baryum radifères qui sont incolores au moment du dépôt prennent peu à peu une coloration tantôt jaune ou orangée, tantôt rose; cette coloration disparaît par la dissolution. Le chlorure de baryum radifère dégage des composés oxygénés du chlore: le bromure dégage du brome. Ces transformations lentes s'affirment généralement quelque temps après la préparation du produit solide, lequel, en même temps, change d'aspect et de couleur, en prenant une teinte jaune ou violacée. La lumière émise devient aussi plus violacée.

Les sels de radium purs semblent éprouver les mêmes transformations que ceux qui contiennent du baryum. Toutefois les cristaux de chlorure, déposés en solution acide, ne se colorent pas sensiblement pendant un temps qui est suffisant, pour que les cristaux de chlorure de baryum radifères, riches en radium, prennent une coloration intense.

Dégagement de gaz en présence des sels de radium.
— Une solution de bromure de radium dégage des gaz
d'une manière continue ([1]). Ces gaz sont principalement
de l'hydrogène et de l'oxygène, et la composition du
mélange est voisine de celle de l'eau; on peut admettre
qu'il y a décomposition de l'eau en présence du sel de
radium.

Les sels solides de radium (chlorure, bromure) donnent
aussi lieu à un dégagement continu de gaz. Ces gaz rem-
plissent les pores du sel solide et se dégagent assez abon-
damment quand on dissout le sel. On trouve dans le mélange gazeux de l'hydrogène, de l'oxygène, de l'acide
carbonique, de l'hélium; le spectre des gaz présente
aussi quelques raies inconnues ([2]).

On peut attribuer à des dégagements gazeux deux acci-
dents qui se sont produits dans les expériences de
M. Curie. Une ampoule de verre mince scellée, remplie
presque complètement par du bromure de radium solide
et sec, a fait explosion deux mois après la fermeture sous
l'effet d'un faible échauffement; l'explosion était probablement due à la pression du gaz intérieur. Dans une
autre expérience une ampoule contenant du chlorure de
radium préparé depuis longtemps communiquait avec un
réservoir d'assez grand volume dans lequel on maintenait
un vide très parfait. L'ampoule ayant été soumise à un
échauffement assez rapide vers 300°, le sel fit explosion;
l'ampoule fut brisée, et le sel fut projeté à distance; il ne
pouvait y avoir de pression notable dans l'ampoule au
moment de l'explosion. L'appareil avait d'ailleurs été soumis à un essai de chauffage dans les mêmes conditions en
l'absence du sel de radium, et aucun accident ne s'était
produit.

([1]) GIESEL, *Ber.*, 1903, p. 347. — RAMSAY et SODDY, *Phys. Zeitschr.*,
15 septembre 1903.
([2]) RAMSAY et SODDY, *loc. cit.*

Ces expériences montrent qu'il y a danger à chauffer du sel de radium préparé depuis longtemps et qu'il y a aussi danger à conserver pendant longtemps du radium en tube scellé.

Production de thermoluminescence. — Certains corps, tels que la fluorine, deviennent lumineux quand on les chauffe; ils sont thermoluminescents; leur luminosité s'épuise au bout de quelque temps; mais la faculté de devenir de nouveau lumineux par la chaleur est restituée à ces corps par l'action d'une étincelle et aussi par l'action du radium. Le radium peut donc restituer à ces corps leurs propriétés thermoluminescentes ([1]). Lors de la chauffe la fluorine éprouve une transformation qui est accompagnée d'une émission de lumière. Quand la fluorine est ensuite soumise à l'action du radium, une transformation se refait en sens inverse, et elle est encore accompagnée d'une émission de lumière.

Un phénomène absolument analogue se produit pour le verre exposé aux rayons du radium. Là aussi une transformation se produit dans le verre, pendant qu'il est lumineux sous l'action des rayons du radium; cette transformation est mise en évidence par la coloration qui apparaît et augmente progressivement. Quand on chauffe ensuite le verre ainsi modifié, la transformation inverse se produit, la coloration disparaît, et ce phénomène est accompagné de production de lumière. Il paraît fort probable qu'il y a là une modification de nature chimique, et la production de lumière est liée à cette modification. Ce phénomène pourrait être général. Il pourrait se faire que la production de fluorescence par l'action du radium et la luminosité des substances radifères fussent nécessairement liées à un phénomène de transformation chimique ou physique de la substance qui émet la lumière.

____

([1]) BECQUEREL, *Rapports au Congrès de Physique*, 1900.

Radiographies. — L'action radiographique des nouvelles substances radioactives est très intense. Toutefois
la manière d'opérer doit être très différente avec le polonium et le radium. Le polonium n'agit qu'à très petite
distance, et son action est considérablement affaiblie par
des écrans solides; il est facile de la supprimer pratiquement au moyen d'un écran peu épais (1^{mm} de verre).
Le radium agit à des distances considérablement plus
grandes. L'action radiographique des rayons du radium

Fig. 11.

Radiographie obtenue avec les rayons du radium.

s'observe à plus de 2^m de distance dans l'air, et cela même
quand le produit radiant est enfermé dans une ampoule
de verre. Les rayons qui agissent dans ces conditions

appartiennent aux groupes β et γ. Grâce aux différences qui existent entre la transparence de diverses matières pour les rayons, on peut, comme avec les rayons Röntgen, obtenir des radiographies de divers objets. Les métaux sont, en général, opaques, sauf l'aluminium qui est très transparent. Il n'existe pas de différence de transparence notable entre les chairs et les os. On peut opérer à grande distance et avec des sources de très petites dimensions; on a alors des radiographies très fines. Il est très avantageux, pour la beauté des radiographies, de renvoyer les rayons β de côté, au moyen d'un champ magnétique, et de n'utiliser que les rayons γ. Les rayons β, en traversant l'objet à radiographier, éprouvent, en effet, une certaine diffusion et occasionnent un certain flou. En les supprimant, on est obligé d'employer des temps de pose plus grands, mais les résultats sont meilleurs. La radiographie d'un objet, tel qu'un porte-monnaie, demande un jour avec une source radiante constituée par quelques centigrammes de sel de radium, enfermé dans une ampoule de verre et placé à 1^m de la plaque sensible, devant laquelle se trouve l'objet. Si la source est à 20^{cm} de distance de la plaque, le même résultat est obtenu en une heure. Au voisinage immédiat de la source radiante, une plaque sensible est instantanément impressionnée.

Effets physiologiques. — Les rayons du radium exercent une action sur l'épiderme. Cette action a été observée par M. Walkhoff et confirmée par M. Giesel, puis par MM. Becquerel et Curie ([1]).

Si l'on place sur la peau une capsule en celluloïd ou en caoutchouc mince renfermant un sel de radium très

---

([1]) WALKHOFF, *Phot. Rundschau*, octobre 1900. — GIESEL, *Berichte d. deutsch. chem. Gesell.*, t. XXIII. — BECQUEREL et CURIE, *Comptes rendus*, t. CXXXII, p. 1289.

actif et qu'on l'y laisse pendant quelque temps, une rougeur se produit sur la peau, soit de suite, soit au bout
d'un temps qui est d'autant plus long que l'action a été
plus faible et moins prolongée; cette tache rouge apparaît
à l'endroit qui a été exposé à l'action; l'altération locale
de la peau se manifeste et évolue comme une brûlure.
Dans certains cas il se forme une ampoule. Si l'exposition
a été prolongée, il se produit une ulcération très longue
à guérir. Dans une expérience, M. Curie a fait agir sur
son bras un produit radiant relativement peu actif pendant
10 heures. La rougeur se manifesta de suite, et il se forma
plus tard une plaie qui mit 4 mois à guérir. L'épiderme
a été détruit localement, et n'a pu se reconstituer à l'état
sain que lentement et péniblement avec formation d'une
cicatrice très marquée. Une brûlure au radium avec exposition d'une demi-heure apparut au bout de 15 jours,
forma une ampoule et guérit en 15 jours. Une autre brûlure, faite avec une exposition de 8 minutes seulement,
occasionna une tache rouge qui apparut au bout de 2 mois
seulement, et son effet fut insignifiant.

L'action du radium sur la peau peut se produire à
travers les métaux, mais elle est affaiblie. Pour se garantir
de l'action, il faut éviter de garder longtemps le radium
sur soi autrement qu'enveloppé dans une feuille de plomb.

L'action du radium sur la peau a été étudiée par M. le
Dr Danlos, à l'hôpital Saint-Louis, comme procédé de
traitement de certaines maladies de la peau, procédé
comparable au traitement par les rayons Röntgen ou la
lumière ultra-violette. Le radium donne à ce point de
vue des résultats encourageants; l'épiderme partiellement
détruit par l'action du radium se reforme à l'état sain.
L'action du radium est plus profonde que celle de la
lumière, et son emploi est plus facile que celui de la
lumière ou des rayons Röntgen. L'étude des conditions
de l'application est nécessairement un peu longue, parce

qu'on ne peut se rendre compte immédiatement de l'effet de l'application.

M. Giesel a remarqué l'action du radium sur les feuilles des plantes. Les feuilles soumises à l'action jaunissent et s'effritent.

M. Giesel a également découvert l'action des rayons du radium sur l'œil ([1]). Quand on place dans l'obscurité un produit radiant au voisinage de la paupière fermée ou de la tempe, on a la sensation d'une lumière qui remplit l'œil. Ce phénomène a été étudié par MM. Himstedt et Nagel ([2]). Ces physiciens ont montré que tous les milieux de l'œil deviennent fluorescents par l'action du radium, et c'est ce qui explique la sensation de lumière perçue. Les aveugles, chez lesquels la rétine est intacte, sont sensibles à l'action du radium, tandis que ceux dont la rétine est malade n'éprouvent pas la sensation lumineuse due aux rayons.

Les rayons du radium empêchent ou entravent le développement des colonies microbiennes, mais cette action n'est pas très intense ([3]).

Récemment, M. Danysz a montré que les rayons du radium agissent énergiquement sur la moelle et sur le cerveau. Après une action d'une heure, des paralysies se produisent chez les animaux soumis aux expériences, et ceux-ci meurent généralement au bout de quelques jours ([4]).

Action de la température sur le rayonnement. — On n'a encore que peu de renseignements sur la manière dont varie l'émission des corps radioactifs avec la température. Nous savons cependant que l'émission subsiste aux basses températures. M. Curie a placé dans l'air

---

([1]) Giesel, *Naturforscherrersammlung*, München, 1899.
([2]) Himstedt et Nagel, *Ann. der Physik*, t. IV, 1901
([3]) Aschkinass et Caspari, *Ann. der Physik*, t. VI, 1901, p. 570.
([4]) Danysz, *Comptes rendus*, 16 février 1903.

liquide un tube de verre qui contenait du chlorure de
baryum radifère (¹). La luminosité du produit radiant
persiste dans ces conditions. Au moment où l'on retire
le tube de l'enceinte froide, il paraît même plus lumineux
qu'à la température ambiante. A la température de l'air
liquide, le radium continue à exciter la fluorescence du
sulfate d'uranyle et de potassium. M. Curie a vérifié par
des mesures électriques que le rayonnement, mesuré à
une certaine distance de la source radiante, possède la
même intensité quand le radium est à la température ambiante, ou quand il est dans une enceinte à la température de l'air liquide. Dans ces expériences, le radium
était placé au fond d'un tube fermé à un bout. Les rayons
sortaient du tube par le bout ouvert, traversaient un
certain espace d'air et étaient recueillis dans un condensateur. On mesurait l'action des rayons sur l'air du condensateur, soit en laissant le tube dans l'air, soit en l'entourant d'air liquide jusqu'à une certaine hauteur. Le
résultat obtenu était le même dans les deux cas.

Quand on porte le radium à une température élevée,
sa radioactivité subsiste. Le chlorure de baryum radifère
qui vient d'être fondu (vers 800°) est radioactif et lumineux. Toutefois, une chauffe prolongée à température
élevée a pour effet d'abaisser temporairement la radioactivité du produit. La baisse est très importante, elle
peut constituer 75 pour 100 du rayonnement total. La
baisse proportionnelle est moins grande sur les rayons
absorbables que sur les rayons pénétrants, qui sont sensiblement supprimés par la chauffe. Avec le temps, le rayonnement du produit reprend l'intensité et la composition
qu'il avait avant la chauffe ; ce résultat est atteint au bout
de 2 mois environ à partir de la chauffe.

(¹) CURIE, *Société de Physique*, 2 mars 1900.

CHAPITRE IV.

LA RADIOACTIVITÉ INDUITE.

Communication de la radioactivité à des substances primitivement inactives. — Au cours de nos recherches sur les substances radioactives, nous avons remarqué, M. Curie et moi, que toute substance qui séjourne pendant quelque temps au voisinage d'un sel radifère devient elle-même radioactive ([1]). Dans notre première publication à ce sujet, nous nous sommes attachés à prouver que la radioactivité, ainsi acquise par des substances primitivement inactives, n'est pas due à un transport de poussières radioactives qui seraient venues se poser à la surface de ces substances. Ce fait, actuellement certain, est prouvé en toute évidence par l'ensemble des expériences qui seront décrites ici, et notamment par les lois suivant lesquelles la radioactivité provoquée dans les substances naturellement inactives disparaît quand on soustrait ces substances à l'action du radium.

Nous avons donné au phénomène nouveau ainsi découvert le nom de *radioactivité induite.*

Dans la même publication, nous avons indiqué les caractères essentiels de la radioactivité induite. Nous avons activé des lames de substances diverses, en les plaçant au voisinage de sels radifères solides et nous avons étudié la radioactivité de ces lames par la méthode électrique. Nous avons observé ainsi les faits suivants :

([1]) M. et Mme Curie, *Comptes rendus,* 6 novembre 1899.

1° L'activité d'une lame exposée à l'action du radium augmente avec le temps de l'exposition en se rapprochant d'une certaine limite, suivant une loi asymptotique.

2° L'activité d'une lame qui a été activée par l'action du radium et qui a été ensuite soustraite à cette action disparaît en quelques jours. Cette activité induite tend vers zéro en fonction du temps, suivant une loi asymptotique.

3° Toutes conditions égales d'ailleurs, la radioactivité induite par un même produit radifère sur diverses lames est indépendante de la nature de la lame. Le verre, le papier, les métaux s'activent avec la même intensité.

4° La radioactivité induite sur une même lame par divers produits radifères a une valeur limite d'autant plus élevée que le produit est plus actif.

Peu de temps après, M. Rutherford publia un travail, duquel il résulte que les composés de thorium sont capables de produire le phénomène de la radioactivité induite (¹). M. Rutherford trouva pour ce phénomène les mêmes lois que celles qui viennent d'être exposées, et il découvrit en plus ce fait important, que les corps chargés d'électricité négative s'activent plus énergiquement que les autres. M. Rutherford observa d'ailleurs que l'air qui a passé sur de l'oxyde de thorium conserve pendant 10 minutes environ une conductibilité notable. L'air qui est dans cet état communique la radioactivité induite à des substances inactives, surtout à celles chargées négativement. M. Rutherford interprète ses expériences en admettant que les composés du thorium, et surtout l'oxyde, émettent une *émanation radioactive* particulière, susceptible d'être entraînée par les courants d'air et chargée d'électricité positive. Cette émanation serait la cause de la radioactivité induite. M. Dorn a

---

(¹) RUTHERFORD, *Phil. Mag.*, janvier et février 1900.

reproduit, avec les sels de baryum radifères, les expériences que M. Rutherford avait faites avec de l'oxyde de thorium ([1]).

M. Debierne a montré que l'actinium provoque, d'une façon extrêmement intense, l'activité induite des corps placés dans son voisinage. De même que pour le thorium, il se produit un entraînement considérable de l'activité par les courants d'air ([2]).

La radioactivité induite se présente sous des aspects très variés, et quand on produit l'activation d'une substance au voisinage du radium à l'air libre, on obtient des résultats irréguliers. MM. Curie et Debierne ont remarqué que le phénomène est, au contraire, très régulier quand on opère en vase clos; ils ont donc étudié l'activation en enceinte fermée ([3]).

Activation en enceinte fermée. — La radioactivité induite est à la fois plus intense et plus régulière quand on opère en vase clos. La matière active est placée dans une petite ampoule en verre a ouverte en o (*fig.* 11) au milieu d'une enceinte close. Diverses plaques A, B, C, D, E placées dans l'enceinte deviennent radioactives au bout d'un jour d'exposition. L'activité est la même, quelle que soit la nature de la plaque, à dimensions égales (plomb, cuivre, aluminium, verre, ébonite, cire, carton, paraffine). L'activité d'une face de l'une des lames est d'autant plus grande, que l'espace libre en regard de cette face est plus grand.

Si l'on répète l'expérience précédente avec l'ampoule a complètement fermée, on n'obtient aucune activité induite.

Le rayonnement du radium n'intervient pas direc-

([1]) Dorn, *Abh. Naturforsch. Gesell.* Halle, juin 1900.
([2]) Debierne, *Comptes rendus,* 30 juillet 1900; 16 février 1903.
([3]) Curie et Debierne, *Comptes rendus,* 4 mars 1901.

C.   8

tement dans la production de la radioactivité induite.
C'est ainsi que, dans l'expérience précédente, la lame D,

Fig. 12.

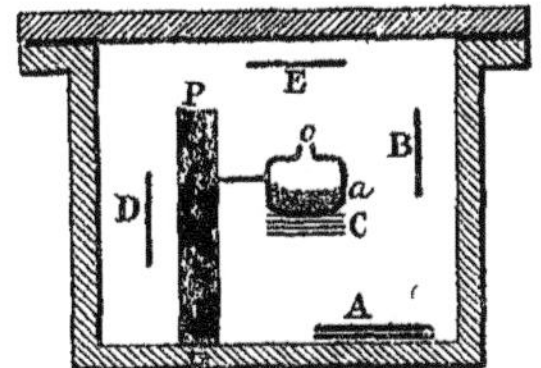

protégée du rayonnement par l'écran en plomb épais PP,
est activée autant que B et E

La radioactivité se transmet par l'air de proche en
proche depuis la matière radiante jusqu'au corps à activer. Elle peut même se transmettre au loin par des tubes
capillaires très étroits.

La radioactivité induite est à la fois plus *intense* et
plus *régulière*, si l'on remplace le sel radifère activant
solide par sa dissolution aqueuse.

Les liquides sont susceptibles d'acquérir la radioactivité induite. On peut, par exemple, rendre radioactive
l'eau pure, en la plaçant dans un vase à l'intérieur d'une
enceinte close qui renferme également une solution d'un
sel radifère.

Certaines substances deviennent lumineuses, quand on
les place dans une enceinte activante (corps phospho-
rescents et fluorescents, verre, papier, coton, eau, solutions salines). Le sulfure de zinc phosphorescent est
particulièrement brillant dans ces conditions. La radioactivité de ces corps lumineux est cependant la même
que celle d'un morceau de métal ou autre corps qui
s'active dans les mêmes conditions sans devenir lumineux.

Quelle que soit la substance que l'on active en vase clos, cette substance prend une activité qui augmente avec le temps et finit par atteindre *une valeur limite*, toujours la même, quand on opère avec la même matière activante et le même dispositif expérimental.

La radioactivité induite limite est indépendante de la nature et de la pression du gaz qui se trouve dans l'enceinte activante (air, hydrogène, acide carbonique).

La radioactivité induite limite dans une même enceinte dépend seulement de la quantité de radium qui s'y trouve à l'état de solution, et semble lui être proportionnelle.

Rôle des gaz dans les phénomènes de radioactivité induite. Émanation. — Les gaz présents dans une enceinte qui renferme un sel solide ou une solution de sel de radium sont radioactifs. Cette radioactivité persiste si l'on aspire les gaz avec une trompe et qu'on les recueille dans une éprouvette. Les parois de l'éprouvette deviennent alors elles-mêmes radioactives, et le verre de l'éprouvette est lumineux dans l'obscurité. L'activité et la luminosité de l'éprouvette disparaissent ensuite complètement, mais fort lentement, et l'on peut au bout d'un mois constater encore la radioactivité.

Dès le début de nos recherches, nous avons, M. Curie et moi, extrait en chauffant la pechblende un gaz fortement radioactif, mais, comme dans l'expérience précédente, l'activité de ce gaz avait fini par disparaître complètement [1].

Ainsi, pour le thorium, le radium, l'actinium, la radioactivité induite se propage de proche en proche à travers les gaz, depuis le corps actif jusqu'aux parois de l'enceinte qui le renferme, et la propriété activante est

---

[1] P. Curie et Mme Curie, *Rapports au Congrès de Physique*, 1900.

entraînée avec le gaz lui-même, quand on extrait celui-ci de l'enceinte.

Quand on mesure la radioactivité de matières radifères par la méthode électrique au moyen de l'appareil (*fig.* 1), l'air entre les plateaux devient également radioactif; cependant, en envoyant un courant d'air entre les plateaux, on n'observe pas de baisse notable dans l'intensité du courant, ce qui prouve que la radioactivité répandue dans l'espace entre les plateaux est peu importante par rapport à celle du radium lui-même à l'état solide.

Il en est tout autrement dans le cas du thorium. Les irrégularités que j'avais observées en mesurant la radioactivité des composés de thorium, provenaient du fait qu'à cette époque je travaillais avec un condensateur ouvert à l'air; or le moindre courant d'air produit un changement considérable dans l'intensité du courant, parce que la radioactivité répandue dans l'espace au voisinage du thorium est importante par rapport à la radioactivité de la substance.

Cet effet est encore bien plus marqué pour l'actinium. Un composé très actif d'actinium paraît beaucoup moins actif quand on envoie un courant d'air sur la substance.

L'énergie radioactive est donc renfermée dans les gaz sous une forme spéciale. M. Rutherford suppose que certains corps radioactifs dégagent constamment un gaz matériel radioactif qu'il appelle *émanation*. C'est ce gaz qui aurait la propriété de rendre radioactifs les corps qui se trouvent dans l'espace où il est répandu. Les corps qui émettent de l'émanation sont le radium, le thorium et l'actinium.

Désactivation à l'air libre des corps solides activés. — Un corps solide, qui a été activé par le radium dans une enceinte activante pendant un temps suffisant, et qui a été ensuite retiré de l'enceinte, se désactive à l'air libre suivant une loi d'allure exponentielle qui est la même pour tous les corps et qui est représentée par la formule suivante [1] :

$$I = I_0 \left(a e^{-\frac{t}{\Theta_1}} - (a - 1) e^{-\frac{t}{\Theta_2}} \right),$$

I_0 étant l'intensité initiale du rayonnement au moment où l'on retire la lame de l'enceinte, I l'intensité au temps t; a est un coefficient numérique $a = 4.20$; Θ_1 et Θ_2 sont des constantes de temps : $\Theta_1 = 2420$ secondes, $\Theta_2 = 1860$ secondes. Au bout de 2 ou 3 heures cette loi se réduit sensiblement à une exponentielle simple, l'influence de la seconde exponentielle sur la valeur de I ne se fait plus sentir. La loi de désactivation est alors telle que l'intensité du rayonnement baisse de la moitié de sa valeur en 28 minutes. Cette loi finale peut être considérée comme caractéristique de la désactivation à l'air libre des corps solides activés par le radium.

Les corps solides activés par l'actinium se désactivent à l'air libre suivant une loi exponentielle voisine de la précédente, mais cependant la désactivation est un peu plus lente [2].

Les corps solides activés par le thorium se désactivent beaucoup plus lentement; l'intensité du rayonnement baisse de moitié en 11 heures [3].

Désactivation en enceinte close. Vitesse de destruction de l'émanation [4]. — Une enceinte fermée activée par le radium et soustraite ensuite à son action, se désactive suivant une loi beaucoup moins rapide que celle de la désactivation à l'air libre. On peut, par exemple, faire l'expérience avec un tube en verre que l'on active

---

[1] Curie et Danne, *Comptes rendus*, 9 février 1903.
[2] Debierne, *Comptes rendus*, 16 février 1903.
[3] Rutherford, *Phil. Mag.*, février 1900.
[4] P. Curie, *Comptes rendus*, 17 novembre 1902.

intérieurement, en le mettant pendant un certain temps
en communication avec une solution d'un sel de radium.
On scelle ensuite le tube à la lampe, et l'on mesure l'intensité du rayonnement émis à l'extérieur par les parois
du tube, pendant que la désactivation se produit.

La loi de désactivation est une loi exponentielle. Elle
est donnée avec une grande exactitude par la formule

$$I = I_0\, e^{\frac{t}{\Theta}}.$$

I_0, intensité du rayonnement initial;
I, intensité du rayonnement au temps t;
Θ, une constante de temps $\Theta = 4.970 \times 10^5$ secondes.

L'intensité du rayonnement diminue de moitié en
4 jours.

Cette loi de désactivation est absolument invariable,
quelles que soient les conditions de l'expérience (dimensions de l'enceinte, nature des parois, nature du gaz dans
l'enceinte, durée de l'activation, etc.). La loi de désactivation reste la même, quelle que soit la température entre
— 180° et + 450°. Cette loi de désactivation est donc tout à
fait caractéristique et pourrait servir à définir un *étalon
de temps* absolument indépendant.

Dans ces expériences, c'est l'énergie radioactive accumulée dans le gaz qui entretient l'activité des parois.
Si, en effet, on supprime le gaz en faisant le vide dans
l'enceinte, on constate que les parois se désactivent
ensuite suivant le mode rapide de désactivation, l'intensité du rayonnement diminuant de moitié en 28 minutes.
Ce même résultat est obtenu en substituant dans l'enceinte de l'air ordinaire à l'air activé.

La loi de désactivation avec baisse de moitié en 4 jours
est donc caractéristique de la disparition de l'énergie
radioactive accumulée dans le gaz. Si l'on se sert de
l'expression adoptée par M. Rutherford, on peut dire que

l'émanation du radium disparaît spontanément en fonction du temps avec baisse de moitié en 4 jours.

L'émanation du thorium est d'une autre nature et disparaît beaucoup plus rapidement. Le pouvoir d'activation diminue de moitié en 1 minute 10 secondes environ.

L'émanation de l'actinium disparaît encore plus rapidement; la baisse de moitié a lieu en quelques secondes.

MM. Elster et Geitel ont montré qu'il existe toujours dans l'air atmosphérique, en très faible proportion, une émanation radioactive analogue à celles émises par les corps radioactifs. Des fils métalliques tendus dans l'air et maintenus à un potentiel négatif s'activent sous l'influence de cette émanation. L'air que l'on aspire au moyen d'un tube enfoncé dans le sol est particulièrement chargé d'émanation ([1]). L'origine de cette émanation est encore inconnue.

L'air extrait de certaines eaux minérales contient de l'émanation tandis que l'air contenu dans l'eau de la mer et des rivières en est à peu près exempt.

Nature des émanations. — Suivant M. Rutherford l'émanation d'un corps radioactif est un gaz matériel radioactif qui s'échappe de ce corps. En effet, à bien des points de vue, l'émanation du radium se comporte comme un gaz ordinaire.

Quand on met en communication deux réservoirs en verre dont l'un contient de l'émanation tandis que l'autre n'en contient pas, l'émanation passe en se diffusant dans le deuxième réservoir, et quand l'équilibre est établi, on constate que l'émanation s'est partagée entre les deux réservoirs comme le ferait un gaz ordinaire : si les deux réservoirs sont à la même température, l'émanation se partage entre eux dans le rapport de leurs volumes; s'ils sont

---

([1]) Elster et Geitel, *Physik. Zeitschrift,* 15 septembre 1902

à des températures différentes, elle se partage entre eux comme un gaz parfait obéissant aux lois de Mariotte et de Gay-Lussac. Pour établir ce résultat il suffit de mesurer le rayonnement du premier réservoir avant et après le partage; ce rayonnement est proportionnel à la quantité d'émanation contenue dans le réservoir. Mais, comme la diffusion de l'émanation demande un certain temps jusqu'à ce que l'équilibre soit établi, il est nécessaire, pour l'exactitude du calcul relatif à l'expérience, de tenir compte de la destruction spontanée de l'émanation avec le temps ([1]).

L'*émanation du radium* se diffuse le long d'un tube étroit suivant les lois de la diffusion des gaz, et son coefficient de diffusion est comparable à celui de l'acide carbonique ([2]).

MM. Rutherford et Soddy ont montré que les émanations du radium et du thorium se condensent à la température de l'air liquide, comme le feraient des gaz qui seraient liquéfiables à cette température. Un courant d'air chargé d'émanation perd ses propriétés radioactives en traversant un serpentin qui plonge dans l'air liquide; l'émanation reste condensée dans le serpentin, et elle se retrouve à l'état gazeux quand on réchauffe celui-ci. L'émanation du radium se condense à — 150°, celle du thorium à une température comprise entre — 100° et — 150° ([3]). On peut faire l'expérience suivante : deux réservoirs de verre fermés, l'un grand, l'autre petit, communiquent ensemble par un tube court muni d'un robinet; ils sont remplis de gaz activé par le radium et sont par suite tous les deux lumineux. On plonge le petit réservoir dans l'air liquide, toute l'émanation s'y condense; au bout d'un certain

---

([1]) P. CURIE et J. DANNE, *Comptes rendus*, 2 juin 1903.
([2]) P. CURIE et J. DANNE, *Comptes rendus*, 2 juin 1903.
([3]) RUTHERFORD et SODDY, *Phil. Mag.*, mai 1903.

temps on sépare les deux réservoirs l'un de l'autre en fermant le robinet, et l'on retire ensuite le petit réservoir de l'air liquide. On constate que c'est le petit réservoir qui contient toute l'activité. Pour s'en assurer il suffit d'observer la phophorescence du verre des deux réservoirs. Le grand réservoir n'est plus lumineux, tandis que le petit est plus lumineux qu'au début de l'expérience. L'expérience est particulièrement brillante si l'on a eu soin d'enduire les parois des deux réservoirs de sulfure de zinc phosphorescent.

Toutefois, si l'émanation du radium était tout à fait comparable à un gaz liquéfiable, la température de condensation par refroidissement devrait être fonction de la quantité d'émanation contenue dans un certain volume d'air; ce qui n'a pas été signalé.

On doit aussi faire remarquer que l'émanation passe avec une grande facilité à travers les trous ou les fissures les plus ténues des corps solides, dans des conditions où les gaz matériels ordinaires ne peuvent circuler qu'avec une lenteur extrême.

Enfin, l'émanation du radium se distingue d'un gaz matériel ordinaire en ce qu'elle se détruit spontanément quand elle est enfermée en tube de verre scellé; tout au moins observe-t-on, dans ces conditions, la disparition de la propriété radioactive. Cette propriété radioactive est d'ailleurs encore actuellement la seule qui caractérise l'émanation à notre connaissance, car jusqu'à présent on n'a encore établi avec certitude ni l'existence d'un spectre caractéristique de l'émanation, ni une pression due à l'émanation.

Toutefois tout récemment MM. Ramsay et Soddy ont observé dans le spectre des gaz extraits du radium des raies nouvelles qui pourraient, à leur avis, appartenir à l'émanation du radium. Ils ont aussi constaté que les gaz extraits du radium contiennent de l'hélium, et que ce der-

nier gaz se forme spontanément en présence de l'émanation du radium (¹). Si ces résultats, dont l'importance
est considérable, se confirment, on pourra être amené à
considérer l'émanation comme un gaz matériel instable,
et l'hélium serait peut-être un des produits de la désa-
grégation spontanée de ce gaz.

Les émanations du radium et du thorium ne semblent
pas être altérées par divers agents chimiques très éner-
giques, et pour cette raison MM. Rutherford et Soddy
les assimilent à des gaz de la famille de l'argon (²).

*Variation d'activité des liquides activés et des solu-
tions radifères.* — Un liquide quelconque devient
radioactif lorsqu'il est placé dans un vase dans une
enceinte activante. Si l'on retire le liquide de l'enceinte
et qu'on le laisse à l'air libre, il se désactive rapidement
en transmettant son activité au gaz et aux corps solides
qui l'entourent. Si l'on enferme un liquide activé dans un
flacon fermé, il se désactive bien plus lentement et l'activité baisse alors de moitié en 4 jours, comme cela arrive-
rait pour un gaz activé enfermé dans un vase clos. On
peut expliquer ce fait en admettant que l'énergie radioactive est emmagasinée dans les liquides sous une forme
identique à celle sous laquelle elle est emmagasinée dans
les gaz (sous forme d'émanation).

Une dissolution d'un sel radifère se comporte en partie
d'une façon analogue. Tout d'abord, il est fort remar-
quable que la solution d'un sel de radium, qui est placée
depuis quelque temps dans une enceinte close, n'est pas
plus active que de l'eau pure placée dans un vase contenu
dans la même enceinte, lorsque l'équilibre d'activité s'est
établi. Si l'on retire de l'enceinte la solution radifère et

(¹) Ramsay et Soddy, *Physikalische Zeitschrift*, 15 septembre 1903.
(²) *Phil. Mag.*, 1902, p. 580; 1903, p. 457.

qu'on la laisse à l'air dans un vase largement ouvert, l'activité se répand dans l'espace, et la solution devient à peu près inactive, bien qu'elle contienne toujours le radium. Si alors on enferme cette solution désactivée dans un flacon fermé, elle reprend peu à peu, en une quinzaine de jours, une activité limite qui peut être considérable. Au contraire, un liquide activé qui ne renferme pas de radium et qui a été désactivé à l'air libre, ne reprend pas son activité quand on le met dans un flacon fermé.

Théorie de la radioactivité. — Voici, d'après MM. Curie et Debierne, une théorie très générale qui permet de coordonner les résultats de l'étude de la radioactivité induite, résultats que je viens d'exposer et qui constituent des faits indépendants de toute hypothèse ([1]).

On peut admettre que chaque atome de radium fonctionne comme une source continue et constante d'énergie, sans qu'il soit, d'ailleurs, nécessaire de préciser d'où vient cette énergie. L'énergie radioactive qui s'accumule dans le radium tend à se dissiper de deux façons différentes : 1° par rayonnement (rayons chargés et non chargés d'électricité); 2° par conduction, c'est-à-dire par transmission de proche en proche aux corps environnants, par l'intermédiaire des gaz et des liquides (dégagement d'émanation et transformation en radioactivité induite).

La perte d'énergie radioactive, tant par rayonnement que par conduction, croît avec la quantité d'énergie accumulée dans le corps radioactif. Un équilibre de régime doit s'établir nécessairement, quand la double perte, dont je viens de parler, compense l'apport continu fait par le radium. Cette manière de voir est analogue à celle qui est en usage dans les phénomènes calorifiques. Si, dans

---

([1]) CURIE et DEBIERNE, *Comptes rendus*, 29 juillet 1901.

l'intérieur d'un corps, il se fait, pour une raison quelconque, un dégagement continu et constant de chaleur, la chaleur s'accumule dans le corps, et la température s'élève, jusqu'à ce que la perte de chaleur par rayonnement et par conduction fasse équilibre à l'apport continu de chaleur.

En général, sauf dans certaines conditions spéciales, l'activité ne se transmet pas de proche en proche à travers les corps solides. Lorsqu'on conserve une dissolution en tube scellé, la perte par rayonnement subsiste seule, et l'activité radiante de la dissolution prend une valeur élevée.

Si, au contraire, la dissolution se trouve dans un vase ouvert, la perte d'activité de proche en proche, par conduction, devient considérable, et, lorsque l'état de régime est atteint, l'activité radiante de la dissolution est très faible.

L'activité radiante d'un sel radifère solide, laissé à l'air libre, ne diminue pas sensiblement, parce que, la propagation de la radioactivité par conduction ne se faisant pas à travers les corps solides, c'est seulement une couche superficielle très mince qui produit la radioactivité induite. On constate, en effet, que la dissolution du même sel produit des phénomènes de radioactivité induite beaucoup plus intenses. Avec un sel solide l'énergie radioactive s'accumule dans le sel et se dissipe surtout par rayonnement. Au contraire, lorsque le sel est en dissolution dans l'eau depuis quelques jours, l'énergie radioactive est répartie entre l'eau et le sel, et si on les sépare par distillation, l'eau entraîne une grande partie de l'activité, et le sel solide est beaucoup moins actif (10 ou 15 fois) qu'avant dissolution. Ensuite le sel solide reprend peu à peu son activité primitive.

On peut chercher à préciser encore davantage la théorie qui précède, en imaginant que la radioactivité du radium lui-même se produit au moins en grande partie par l'intermédiaire de l'énergie radioactive émise sous forme d'émanation.

On peut admettre que chaque atome de radium est une source continue et constante d'émanation. En même temps que cette forme d'énergie se produit, elle éprouve progressivement une transformation en énergie radioactive de rayonnement Becquerel; la vitesse de cette transformation est proportionnelle à la quantité d'émanation accumulée.

Quand une solution radifère est enfermée dans une enceinte, l'émanation peut se répandre dans l'enceinte et sur les parois. C'est donc là qu'elle est transformée en rayonnement, tandis que la solution n'émet que peu de rayons Becquerel, — le rayonnement est, en quelque sorte, *extériorisé*. Au contraire, dans le radium solide, l'émanation, ne pouvant s'échapper facilement, s'accumule et se transforme sur place en rayonnement Becquerel; ce rayonnement atteint donc une valeur élevée (¹).

Si cette théorie de la radioactivité était générale, il faudrait admettre que tous les corps radioactifs émettent de l'émanation. Or, cette émission a été constatée pour le radium, le thorium et l'actinium; ce dernier corps en émet énormément, même à l'état solide. L'uranium et le polonium ne semblent pas émettre d'émanation, bien qu'ils émettent des rayons Becquerel. Ces corps ne produisent pas la radioactivité induite en vase clos comme les corps radioactifs cités précédemment. Ce fait n'est pas en contradiction absolue avec la théorie qui précède. Si, en effet, l'uranium et le polonium émettaient des émanations qui se détruisent avec une très grande rapidité, il serait très difficile d'observer l'entraînement de ces éma-

---

(¹) Curie, *Comptes rendus,* 26 janvier 1903.

nations par l'air et les effets de radioactivité induite produits par elles sur les corps voisins. Une telle hypothèse n'est nullement invraisemblable, puisque les temps pendant lesquels les quantités d'émanation du radium et du thorium diminuent de moitié sont entre eux comme 5000 est à 1. On verra d'ailleurs que dans certaines conditions l'uranium peut provoquer la radioactivité induite.

Autre forme de la radioactivité induite. — D'après la loi de désactivation à l'air libre des corps solides activés par le radium, l'activité radiante au bout d'une journée est à peu près insensible.

Certains corps cependant font exception : tels sont le celluloïd, la paraffine, le caoutchouc, etc. Quand ces corps ont été activés assez longtemps, ils se désactivent plus lentement que ne le veut la loi, et il faut souvent quinze ou vingt jours pour que l'activité devienne insensible. Il semble que ces corps aient la propriété de s'imprégner de l'énergie radioactive sous forme d'émanation ; ils la perdent ensuite peu à peu en produisant la radioactivité induite dans leur voisinage.

Radioactivité induite à évolution lente. — On observe encore une tout autre forme de radioactivité induite, qui semble se produire sur tous les corps, quand ils ont séjourné pendant des mois dans une enceinte activante. Quand ces corps sont retirés de l'enceinte, leur activité diminue d'abord jusqu'à une valeur très faible suivant la loi ordinaire (diminution de moitié en une demi-heure) ; mais quand l'activité est tombée à $\frac{1}{20000}$ environ de la valeur initiale, elle ne diminue plus ou du moins elle évolue avec une lenteur extrême, quelquefois même elle va en augmentant. Nous avons des lames de cuivre, d'aluminium, de verre qui conservent ainsi une activité résiduelle depuis plus de six mois.

Ces phénomènes d'activité induite semblent être d'une tout autre nature que ceux ordinaires, et ils offrent une évolution beaucoup plus lente.

Un temps considérable est nécessaire aussi bien pour la production que pour la disparition de cette forme de radioactivité induite.

Radioactivité induite sur des substances qui séjournent en dissolution avec le radium. — Quand on traite un minerai radioactif contenant du radium, pour en extraire ce corps, et tant que le travail n'est pas avancé, on réalise des séparations chimiques, après lesquelles la radioactivité se trouve entièrement avec l'un des produits de la réaction, l'autre produit étant entièrement inactif. On sépare ainsi d'un côté des produits radiants qui peuvent être plusieurs centaines de fois plus actifs que l'uranium, de l'autre côté du cuivre, de l'antimoine, de l'arsenic, etc., absolument inactifs. Certains autres corps (le fer, le plomb) n'étaient jamais séparés à l'état complètement inactif. A mesure que les corps radiants se concentrent, il n'en est plus de même; aucune séparation chimique ne fournit plus de produits absolument inactifs; toutes les portions résultant d'une séparation sont toujours actives à des degrés variables.

Après la découverte de la radioactivité induite, M Giesel essaya le premier d'activer le bismuth inactif ordinaire en le maintenant en solution avec du radium très actif. Il obtint ainsi du bismuth radioactif(1), et il en conclut que le polonium extrait de la pechblende était probablement du bismuth activé par le voisinage du radium contenu dans la pechblende.

J'ai également préparé du bismuth activé en maintenant le bismuth en dissolution avec un sel radifère très actif.

---

(1) GIESEL, *Société de Physique de Berlin*, janvier 1900.

Les difficultés de cette expérience consistent dans les soins extrêmes qu'il faut prendre pour éliminer le radium de la dissolution. Si l'on songe à la quantité infinitésimale de radium qui suffit pour produire dans un gramme de matière une radioactivité très notable, on ne croit jamais avoir assez lavé et purifié le produit activé. Or, chaque purification entraîne une baisse d'activité du produit activé, soit que réellement on en retire des traces de radium, soit que la radioactivité induite dans ces conditions ne résiste pas aux transformations chimiques.

Les résultats que j'obtiens semblent cependant établir avec certitude que l'activation se produit et persiste après que l'on a séparé le radium. C'est ainsi qu'en fractionnant le nitrate de mon bismuth activé par précipitation de la solution azotique par l'eau, je trouve que, après purification très soigneuse, il se fractionne comme le polonium, la partie la plus active étant précipitée en premier.

Si la purification est insuffisante, c'est le contraire qui se produit, indiquant que des traces de radium se trouvaient encore avec le bismuth activé. J'ai obtenu ainsi du bismuth activé pour lequel le sens du fractionnement indiquait une grande pureté et qui était 2000 fois plus actif que l'uranium. Ce bismuth diminue d'activité avec le temps. Mais une autre partie du même produit, préparée avec les mêmes précautions et se fractionnant dans le même sens, conserve son activité sans diminution sensible depuis un temps qui est actuellement de trois ans environ.

Cette activité est 150 fois plus grande que celle de l'uranium.

J'ai activé également du plomb et de l'argent en les laissant en dissolution avec le radium. Le plus souvent la radioactivité induite ainsi obtenue ne diminue guère avec le temps, mais elle ne résiste généralement pas à plusieurs transformations chimiques successives du corps activé.

M. Debierne ([1]) a activé du baryum en le laissant en solution avec l'actinium. Ce baryum activé reste actif après diverses transformations chimiques, son activité est donc une propriété atomique assez stable. Le chlorure de baryum activé se fractionne comme le chlorure de baryum radifère, les parties les plus actives étant les moins solubles dans l'eau et l'acide chlorhydrique étendu. Le chlorure sec est spontanément lumineux; son rayonnement Becquerel est analogue à celui du chlorure de baryum radifère. M. Debierne a obtenu du chlorure de baryum activé 1000 fois plus actif que l'uranium. Ce baryum n'avait cependant pas acquis tous les caractères du radium, car il ne montrait au spectroscope aucune des raies les plus fortes du radium. De plus son activité diminua avec le temps, et au bout de trois semaines elle était devenue trois fois plus faible qu'au début.

Il y a toute une étude à faire sur l'activation des substances en dissolution avec les corps radioactifs. Il semble que, suivant les conditions de l'expérience, on puisse obtenir des formes de radioactivité induite atomique plus ou moins stables. La radioactivité induite dans ces conditions est peut-être la même que la forme à évolution lente que l'on obtient par activation prolongée à distance dans une enceinte activante. Il y a lieu de se demander jusqu'à quel degré la radioactivité induite atomique affecte la nature chimique de l'atome, et si elle peut modifier les propriétés chimiques de celui-ci, soit d'une façon passagère, soit d'une façon stable.

L'étude chimique des corps activés à distance est rendue difficile par ce fait que l'activation est limitée à une couche superficielle très mince, et que, par suite, la proportion de matière qui a pu être atteinte par la transformation est extrêmement faible.

([1]) DEBIERNE, *Comptes rendus*, juillet 1900.

C.   9

La radioactivité induite peut aussi être obtenue en laissant certaines substances en dissolution avec l'uranium. L'expérience réussit avec le baryum. Si, comme l'a fait M. Debierne, on ajoute de l'acide sulfurique à une solution qui contient de l'uranium et du baryum, le sulfate de baryum précipité entraîne de l'activité; en même temps le sel d'uranium perd une partie de la sienne. M. Becquerel a trouvé qu'en répétant cette opération plusieurs fois, on obtient de l'uranium à peine actif. On pourrait croire, d'après cela, que dans cette opération on a réussi à séparer de l'uranium un corps radioactif différent de ce métal, et dont la présence produisait la radioactivité de l'uranium. Cependant il n'en est rien, car au bout de quelques mois l'uranium reprend son activité primitive; au contraire, le sulfate de baryum précipité perd celle qu'il avait acquise.

Un phénomène analogue se produit avec le thorium. M. Rutherford précipite une solution de sel de thorium par l'ammoniaque; il sépare la solution et l'évapore à sec. Il obtient ainsi un petit résidu très actif, et le thorium précipité se montre moins actif qu'auparavant. Ce résidu actif, auquel M. Rutherford donne le nom de *thorium* x, perd son activité avec le temps, tandis que le thorium reprend son activité primitive (¹).

Il semble qu'en ce qui concerne la radioactivité induite en dissolution, les divers corps ne se comportent pas tous de la même façon, et que certains d'entre eux sont bien plus susceptibles de s'activer que les autres.

Dissémination des poussières radioactives et radioactivité induite du laboratoire. — Lorsqu'on fait des études sur les substances fortement radioactives, il faut prendre des précautions particulières, si l'on veut pouvoir continuer à faire des mesures délicates. Les divers objets

---

(¹) RUTHERFORD et SODDY, *Zeitschr. für physik. Chemie.* t. XLII, 902, p. 81.

employés dans le laboratoire de chimie, et ceux qui servent pour les expériences de physique, ne tardent pas à être tous radioactifs et à agir sur les plaques photographiques au travers du papier noir. Les poussières, l'air de la pièce, les vêtements sont radioactifs. L'air de la pièce est conducteur. Dans le laboratoire, où nous travaillons, le mal est arrivé à l'état aigu, et nous ne pouvons plus avoir un appareil bien isolé.

Il y a donc lieu de prendre des précautions particulières pour éviter autant que possible la dissémination des poussières actives, et pour éviter aussi les phénomènes d'activité induite.

Les objets employés en chimie ne doivent jamais être emportés dans la salle d'études physiques, et il faut autant que possible éviter de laisser séjourner inutilement dans cette salle les substances actives. Avant de commencer ces études nous avions coutume, dans les travaux d'électricité statique, d'établir la communication entre les divers appareils par des fils métalliques isolés protégés par des cylindres métalliques en relation avec le sol, qui préservaient les fils contre toute influence électrique extérieure. Dans les études sur les corps radioactifs, cette disposition est absolument défectueuse; l'air étant conducteur, l'isolement entre le fil et le cylindre est mauvais, et la force électromotrice de contact inévitable entre le fil et le cylindre tend à produire un courant à travers l'air et à faire dévier l'électromètre. Nous mettons maintenant tous les fils de communication à l'abri de l'air en les plaçant, par exemple, au milieu de cylindres remplis de paraffine ou d'une autre matière isolante. Il y aurait aussi avantage à faire usage, dans ces études, d'électromètres *rigoureusement* clos.

Activation en dehors de l'action des substances radioactives. — Des essais ont été faits en vue de produire la radioactivité induite en dehors de l'action des substances radioactives.

M. Villard (¹) a soumis à l'action des rayons cathodiques un morceau de bismuth placé comme anticathode dans un tube de Crookes; ce bismuth a été ainsi rendu actif, à vrai dire, d'une façon extrêmement faible, car il fallait 8 jours de pose pour obtenir une impression photographique.

M. Mac Lennan expose divers sels à l'action des rayons cathodiques et les chauffe ensuite légèrement. Ces sels acquièrent alors la propriété de décharger les corps chargés positivement (²).

Les études de ce genre offrent un grand intérêt. Si, en se servant d'agents physiques connus, il était possible de créer dans des corps primitivement inactifs une radioactivité notable, nous pourrions espérer de trouver ainsi la cause de la radioactivité spontanée de certaines matières.

Variations d'activité des corps radioactifs. Effets de dissolution. — Le polonium, comme je l'ai dit plus haut, diminue d'activité avec le temps. Cette baisse est lente, elle ne semble pas se faire avec la même vitesse pour tous les échantillons. Un échantillon de nitrate de bismuth à polonium a perdu la moitié de son activité en 11 mois et 95 pour 100 de son activité en 33 mois. D'autres écnantillons ont éprouvé des baisses analogues.

Un échantillon de bismuth à polonium métallique fut préparé avec un sous-nitrate, lequel, après sa préparation, était 100000 fois plus actif que l'uranium. Ce métal n'est plus maintenant qu'un corps moyennement radioactif (2000 fois plus actif que l'uranium). Sa radioactivité est

---

(¹) VILLARD, *Société de Physique,* juillet 1900.
(²) MAC LENNAN, *Phil. Mag.,* février 1902.

mesurée de temps en temps. Pendant 6 mois ce métal a perdu 67 pour 100 de son activité.

La perte d'activité ne semble pas être facilitée par les réactions chimiques. Dans des opérations chimiques rapides on ne constate généralement pas de perte considérable d'activité.

Contrairement à ce qui se passe pour le polonium, les sels radifères possèdent une radioactivité permanente qui ne présente pas de baisse appréciable au bout de quelques années.

Quand on vient de préparer un sel de radium à l'état solide, ce sel n'a pas tout d'abord une activité constante. Son activité va en augmentant à partir de la préparation et atteint une valeur limite sensiblement invariable au bout d'un mois environ. Le contraire a lieu pour la solution. Quand on vient de la préparer, elle est d'abord très active, mais laissée à l'air libre elle se désactive rapidement, et prend finalement une activité limite qui peut être considérablement plus faible que la valeur initiale. Ces variations d'activité ont été tout d'abord observées par M. Giesel ([1]). Elles s'expliquent fort bien en se plaçant au point de vue de l'émanation. La diminution de l'activité de la solution correspond à la perte de l'émanation qui s'échappe dans l'espace; cette baisse est bien moindre si la dissolution est en tube scellé. Une solution désactivée à l'air libre reprend une activité plus grande quand on l'enferme en tube scellé. La période de l'accroissement de l'activité du sel qui, après dissolution, vient d'être ramené à l'état solide, est celle pendant laquelle l'émanation s'emmagasine à nouveau dans le radium solide.

Voici quelques expériences à ce sujet :

Une solution de chlorure de baryum radifère laissée à l'air libre pendant 2 jours devient 300 fois moins active.

([1]) GIESEL, *Wied. Ann.*, t. LXIX, p. 91.

Une solution est enfermée en vase clos; on ouvre le
vase, on verse la solution dans une cuve et l'on mesure
l'activité :

        Activité mesurée immédiatement 67
            »   au bout de 2 heures...... 20
            »   »   2 jours 0,25

Une solution de chlorure de baryum radifère qui est
restée à l'air libre est enfermée dans un tube de verre
scellé, et l'on mesure le rayonnement de ce tube. On
trouve les résultats suivants :

        Activité mesurée immédiatement 27
            »   après 2 jours 61
            »   »   3 jours 70
            »   »   4 jours 81
            »   »   7 jours 100
            »   »   11 jours 100

L'activité initiale d'un sel solide après sa préparation
est d'autant plus faible que le temps de dissolution a été
plus long. Une plus forte proportion de l'activité est
alors transmise au dissolvant. Voici les activités initiales
obtenues avec un chlorure dont l'activité limite est 800
et que l'on maintenait en dissolution pendant un temps
donné; puis on séchait le sel et l'on mesurait son activité
immédiatement :

Activité limite.................................... 800
Activité initiale après dissolution et dessiccation immédiate. 440
Activité initiale après que le sel est resté dissous 5 jours . 120
            »   »   18 jours . 130
            »   »   32 jours . 114

Dans cette expérience le sel dissous se trouvait dans un
vase simplement couvert d'un verre de montre.

J'ai fait avec le même sel deux dissolutions que j'ai
conservées en tube scellé pendant 13 mois; l'une de ces

dissolutions était 8 fois plus concentrée que l'autre :

Activité initiale du sel de la solution concentrée
après dessiccation......................... 200
Activité initiale du sel de la solution étendue
après dessiccation......................... 100

La désactivation du sel est donc d'autant plus grande que la proportion du dissolvant est plus grande, l'énergie radioactive transmise au liquide ayant alors un plus grand volume de liquide à saturer et un plus grand espace à remplir. Les deux échantillons du même sel, qui avaient ainsi une activité initiale différente, ont d'ailleurs augmenté d'activité avec une vitesse très différente au début; au bout d'un jour ils avaient la même activité, et l'acroissement d'activité se continua exactement de la même façon pour tous les deux jusqu'à la limite.

Quand la dissolution est étendue, la désactivation du sel est très rapide; c'est ce que montrent les expériences suivantes : trois portions égales d'un même sel radifère sont dissoutes dans des quantités égales d'eau. La première dissolution a est laissée à l'air libre pendant une heure, puis séchée. La deuxième dissolution b est traversée pendant une heure par un courant d'air, puis séchée. La troisième dissolution c est laissée pendant 13 jours à l'air libre, puis séchée. Les activités initiales des trois sels sont :

Pour la portion a..................... 145,2
» b..................... 141,6
» c..................... 102,6

L'activité limite du même sel est environ 470. On voit donc qu'au bout d'une heure la plus grande partie de l'effet était produite. De plus, le courant d'air qui a barboté pendant une heure dans la dissolution b n'a produit que peu d'effet. La proportion du sel dans la dissolution était d'environ 0,5 pour 100.

L'énergie radioactive sous forme d'émanation se propage difficilement du radium solide dans l'air; elle éprouve de même une résistance au passage du radium solide dans un liquide. Quand on agite du sulfate radifère avec de l'eau pendant une journée entière, son activité après cette opération est sensiblement la même que celle d'une portion du même sulfate laissée à l'air libre.

En faisant le vide sur du sel radifère on retire toute l'émanation disponible. Toutefois la radioactivité d'un chlorure radifère sur lequel nous avions fait le vide pendant 6 jours ne fut pas sensiblement modifiée par cette opération. Cette expérience montre que la radioactivité du sel est due principalement à l'énergie radioactive utilisée dans l'intérieur des grains, laquelle ne peut être enlevée en faisant le vide.

La perte d'activité que le radium éprouve quand on le fait passer par l'état dissous est relativement plus grande pour les rayons pénétrants que pour les rayons absorbables. Voici quelques exemples :

Un chlorure radifère, qui avait atteint son activité limite 470, est dissous et reste en dissolution pendant une heure; on le sèche ensuite et l'on mesure sa radioactivité initiale par la méthode électrique. On trouve que le rayonnement initial total est égal à la fraction $0,3$ du rayonnement total limite. Si l'on fait la mesure de l'intensité du rayonnement en recouvrant la substance active d'un écran d'aluminium de $0^{mm},01$ d'épaisseur, on trouve que le rayonnement initial qui traverse cet écran n'est que la fraction $0,17$ du rayonnement limite traversant le même écran.

Quand le sel est resté en dissolution pendant 13 jours, on trouve pour le rayonnement initial total la fraction $0,22$ du rayonnement limite total et pour le rayonnement qui traverse $0^{mm},01$ d'aluminium la fraction $0,13$ du rayonnement limite.

Dans les deux cas le rapport du rayonnement initial après dissolution au rayonnement limite est de 1, 7 fois plus grand pour le rayonnement total que pour le rayonnement qui traverse $0^{mm},01$ d'aluminium.

Il faut d'ailleurs remarquer que, en séchant le produit après dissolution, on ne peut éviter une période de temps pendant laquelle le produit se trouve à un état mal défini, ni entièrement solide, ni entièrement liquide. On ne peut non plus éviter de chauffer le produit pour enlever l'eau rapidement.

Pour ces deux raisons il n'est guère possible de déterminer la vraie activité initiale du produit qui passe de l'état dissous à l'état solide. Dans les expériences qui viennent d'être citées des quantités égales de substances

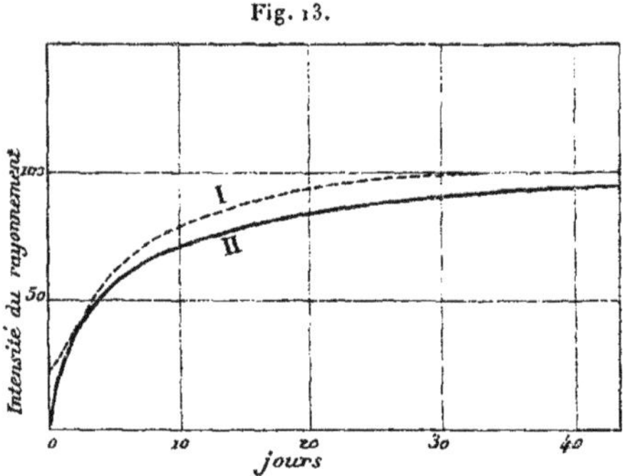

Fig. 13.

radiantes étaient dissoutes dans la même quantité d'eau, et ensuite les dissolutions étaient évaporées à sec dans des conditions aussi identiques que possible et sans chauffer au-dessus de 120° ou 130°.

J'ai étudié la loi suivant laquelle augmente l'activité d'un sel radifère solide, à partir du moment où ce sel est séché après dissolution, jusqu'au moment où il

atteint son activité limite. Dans les Tableaux qui suivent
j'indique l'intensité du rayonnement I en fonction du
temps, l'intensité limite étant supposée égale à 100, et le
temps étant compté à partir du moment où le produit a
été séché. Le Tableau I (*fig.* 13, courbe I) est relatif au
rayonnement total. Le Tableau II (*fig.* 13, courbe II) est
relatif seulement aux rayons pénétrants (rayons qui ont
traversé 3^{cm} d'air et o^{mm},o1 d'aluminium).

	TABLEAU I.			TABLEAU II.	
Temps.		I.	*Temps.*		I.
o	. . . . . .	21	o	. . . . . .	1,3
1 jour	. . . . . .	25	1 jour	. . . . . .	19
3 »	. . . . .	44	3 »	. . . . . .	43
5 »	. . . . .	60	6 »	. . . . . .	60
10 »	. . . . . .	78	15 »	. . . . . .	70
19 »	. . . . .	93	23 »	. . . . . .	86
33 »	. . . . . .	100	46 »	. . . . . .	94
67 »	. . . . . .	100			

J'ai fait plusieurs autres séries de mesures du même
genre, mais elles ne sont pas absolument en accord les
unes avec les autres, bien que le caractère général des
courbes obtenues reste le même. Il est difficile d'obtenir
des résultats bien réguliers. On peut cependant remarquer
que la reprise d'activité met plus d'un mois à se produire,
et que les rayons les plus pénétrants sont ceux qui sont
le plus profondément atteints par l'effet de la dissolution.

L'intensité initiale du rayonnement qui peut traverser
3^{cm} d'air et o^{mm},o1 d'aluminium n'est que 1 pour 100 de
l'intensité limite, alors que l'intensité initiale du rayonnement total est 21 pour 100 du rayonnement total
limite.

Un sel radifère, qui a été dissous et qui vient d'être
séché, possède le même pouvoir pour provoquer l'activité induite (et, par conséquent, laisse échapper au

dehors autant d'émanation) qu'un échantillon du même
sel qui, après avoir été préparé à l'état solide, est resté
dans cet état un temps suffisant pour atteindre la radioactivité limite. L'activité radiante de ces deux produits est
pourtant extrêmement différente ; le premier est, par
exemple, 5 fois moins actif que le second.

*Variations d'activité des sels de radium par la
chauffe.* — Quand on chauffe un composé radifère, ce
composé dégage de l'émanation et perd de l'activité. La
perte d'activité est d'autant plus grande que la chauffe est
à la fois plus intense et plus prolongée. C'est ainsi qu'en
chauffant un sel radifère pendant 1 heure à 130° on lui
fait perdre 10 pour 100 de son rayonnement total; au
contraire, une chauffe de 10 minutes à 400° ne produit
pas d'effet sensible. Une chauffe au rouge de quelques
heures de durée détruit 77 pour 100 du rayonnement
total.

La perte d'activité par la chauffe est plus importante
pour les rayons pénétrants que pour les rayons absorbables. C'est ainsi qu'une chauffe de quelques heures de
durée détruit environ 77 pour 100 du rayonnement total,
mais la même chauffe détruit la presque totalité
(99 pour 100) du rayonnement qui est capable de traverser 3^{cm} d'air et 0^{mm},1 d'aluminium. En maintenant
le chlorure de baryum radifère en fusion pendant quelques
heures (vers 800°), on détruit 98 pour 100 du rayonnement
capable de traverser 0^{mm},3 d'aluminium. On peut dire
que les rayons pénétrants n'existent sensiblement pas
après une chauffe forte et prolongée.

Quand un sel radifère a perdu une partie de son activité par la chauffe, cette baisse d'activité ne persiste pas;
l'activité du sel se régénère spontanément à la température ordinaire et tend vers une certaine valeur limite.
J'ai observé le fait fort curieux que cette limite est plus

élevée que l'activité limite du sel avant la chauffe, du
moins en est-il ainsi pour le chlorure. En voici des
exemples : un échantillon de chlorure de baryum radifère qui, après avoir été préparé à l'état solide, a atteint
depuis longtemps son activité limite, possède un rayonnement total représenté par le nombre 470, et un rayonnement capable de traverser $0^{mm},01$ d'aluminium, représenté par le nombre 157. Cet échantillon est soumis à
une chauffe au rouge pendant quelques heures. Deux
mois après la chauffe, il atteint une activité limite avec
un rayonnement total égal à 690, et un rayonnement à
travers $0^{mm},01$ d'aluminium égal à 227. Le rayonnement
total et le rayonnement qui traverse l'aluminium sont donc
augmentés respectivement dans le rapport $\frac{690}{470}$ et $\frac{227}{156}$. Ces
deux rapports sont sensiblement égaux entre eux et égaux
à 1,45.

Un échantillon de chlorure de baryum radifère qui,

Fig. 14.

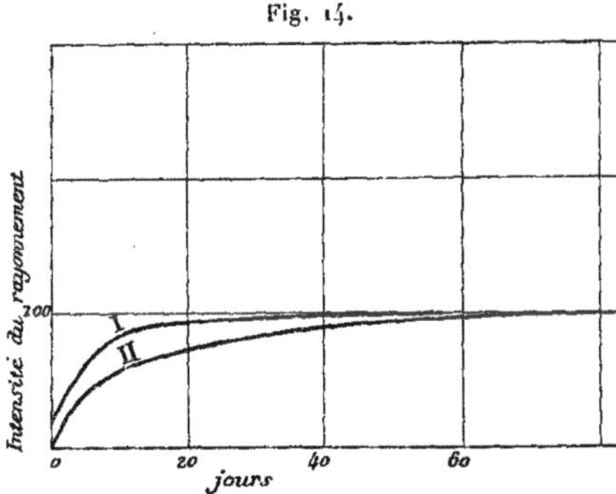

après avoir été préparé à l'état solide, a atteint une activité limite égale à 62, est maintenu en fusion pendant
quelques heures; puis le produit fondu est pulvérisé. Ce

produit reprend une nouvelle activité limite égale à 140, soit plus de 2 fois plus grande que celle qu'il pouvait atteindre, quand il avait été préparé à l'état solide sans avoir été notablement chauffé pendant la dessiccation.

J'ai étudié la loi de l'augmentation de l'activité des composés radifères après la chauffe. Voici, à titre d'exemple, les résultats de deux séries de mesures. Les nombres des Tableaux I et II indiquent l'intensité du rayonnement I en fonction du temps, l'intensité limite étant supposée égale à 100, et le temps étant compté à partir de la fin de la chauffe. Le Tableau I (*fig.* 14, courbe I) est relatif au rayonnement total d'un échantillon de chlorure de baryum radifère. Le Tableau II (*fig.* 3, courbe II) est relatif au rayonnement pénétrant d'un échantillon de sulfate de baryum radifère, car on mesurait l'intensité du rayonnement qui traversait 3^{cm} d'air et $0^{mm},01$ d'aluminium. Les deux produits ont subi une chauffe au rouge cerise pendant 7 heures.

TABLEAU I.			TABLEAU II.		
Temps.		I.	Temps.		I.
0	.....	16,2	0	.....	0,8
0,6 jour	.....	25,4	0,7 jour	.....	13
1 »	.....	27,4	1 »	.....	18
2 »	.....	38	1,9 »	.....	26,4
3 »	.....	46,3	6 »	.....	46,2
4 »	.....	54	10 »	.....	55,5
6 »	.....	67,5	14 »	.....	64
10 »	.....	84	18 »	.....	71,8
24 »	.....	95	27 »	.....	81
57 »	.....	100	36 »	.....	91
			50 »	.....	95,5
			57 »	.....	99
			84 »	.....	100

J'ai fait encore plusieurs autres séries de déterminations, mais, de même que pour la reprise d'activité après dissolution, les résultats des diverses séries ne sont pas bien concordants.

L'effet de la chauffe ne persiste pas quand on dissout la substance radifère chauffée. De deux échantillons d'une même substance radifère d'activité 1800, l'un a été fortement chauffé, et son activité a été réduite par la chauffe à 670. Les deux échantillons ayant été à ce moment dissous et laissés en dissolution pendant 20 heures, leurs activités initiales à l'état solide ont été 460 pour le produit non chauffé et 420 pour celui chauffé ; il n'y avait donc pas de différence considérable entre l'activité de ces deux produits. Mais, si les deux produits ne restent pas en dissolution un temps suffisant, si, par exemple, on les sèche immédiatement après les avoir dissous, le produit non chauffé est beaucoup plus actif que le produit chauffé ; un certain temps est nécessaire pour que l'état de dissolution fasse disparaître l'effet de la chauffe. Un produit d'activité 3200 a été chauffé et n'avait plus après la chauffe qu'une activité de 1030. Ce produit a été dissous en même temps qu'une portion du même produit non chauffée, et les deux portions ont été séchées immédiatement. L'activité initiale était de 1450 pour le produit non chauffé et de 760 pour celui chauffé.

Pour les sels radifères solides, le pouvoir de provoquer la radioactivité induite est fortement influencé par la chauffe. Pendant que l'on chauffe les composés radifères, ils dégagent plus d'émanation qu'à la température ordinaire ; mais, quand ils sont ensuite ramenés à la température ordinaire, non seulement leur radioactivité est bien inférieure à celle qu'ils avaient avant la chauffe, mais aussi leur pouvoir activant est considérablement diminué. Pendant le temps qui suit la chauffe, la radioactivité du produit va en augmentant et peut même dépasser la valeur primitive. Le pouvoir activant se rétablit aussi partiellement ; cependant, après une chauffe prolongée au rouge, la presque totalité du pouvoir activant se trouve supprimée, sans être susceptible de reparaitre spontanément avec le temps. On peut restituer au sel radifère son pouvoir activant primitif en le dissolvant dans l'eau et en le séchant à l'étuve à une température de 120°. Il semble donc que la calcination ait pour effet de mettre le sel dans un état physique particulier, dans lequel l'émanation se dégage bien plus difficilement que cela n'a lieu pour le même produit solide qui n'a pas été chauffé à température élevée, et il en résulte tout naturellement que le sel atteint une radioactivité limite plus élevée que celle qu'il avait avant la chauffe. Pour remettre le sel dans l'état physique qu'il avait avant la chauffe, il suffit de le dissoudre et de le sécher, sans le chauffer, au-dessus de 150°.

Voici quelques exemples numériques à ce sujet :

Je désigne par a l'activité induite limite provoquée en vase clos sur une lame de cuivre par un échantillon de carbonate de baryum radifère d'activité 1600.

Posons pour le produit non chauffé :

$$a = 100.$$

On trouve :

1 jour après la chauffe	. . . .	$a =$	3,3
4	»	»	. . . .	$a =$	7,1
10	»	»	. . . .	$a =$	15
20	»	»	. . . .	$a =$	15
37	»	»	. . . .	$a =$	15

La radioactivité du produit avait diminué de 90 pour 100 par la chauffe, mais, au bout d'un mois, elle avait déjà repris la valeur primitive.

Voici une expérience du même genre faite avec un chlorure de baryum radifère d'activité 3000. Le pouvoir activant est déterminé de la même façon que dans l'expérience précédente.

Pouvoir activant du produit non chauffé :

$$a = 100.$$

Pouvoir activant du produit après une chauffe au rouge de trois heures :

2 jours après chauffe			2,3
5	»	»	7,0
11	»	»	8,2
18	»	»	8,2
Pouvoir activant du produit non chauffé qui a été dissous, puis séché à 150°			92
Pouvoir activant du produit chauffé qui a été dissous, puis séché à 150°			105

Interprétation théorique des causes des variations d'activité des sels radifères, après dissolution et après chauffe. — Les faits qui viennent d'être exposés peuvent être, en partie, expliqués par la théorie d'après laquelle le radium produit l'énergie sous forme d'émanation, cette dernière se transformant ensuite en énergie de rayonnement. Quand on dissout un sel de radium, l'émanation qu'il produit se répand au dehors de la solution et provoque la radioactivité en dehors de la source dont elle provient; lorsqu'on évapore la dissolution, le sel solide obtenu est peu actif, car il ne contient que peu d'émanation. Peu à peu l'émanation s'accumule dans le sel, dont l'activité augmente jusqu'à une valeur limite, qui est obtenue quand la production d'émanation par le radium compense la perte qui se fait par débit extérieur et par transformation sur place en rayons de Becquerel.

Lorsqu'on chauffe un sel de radium, le débit d'émanation en dehors du sel est fortement augmenté, et les phénomènes de radioactivité induite sont plus intenses que quand le sel est à la température ordinaire. Mais quand le sel revient à la température ordinaire, il est épuisé, comme dans le cas où on l'avait dissous, il ne contient que peu

d'émanation, l'activité est devenue très faible. Peu à peu
l'émanation s'accumule de nouveau dans le sel solide et le
rayonnement va en augmentant.

On peut admettre que le radium donne lieu à un débit
constant d'émanation, dont une partie s'échappe à l'extérieur, tandis que la partie restante est transformée, dans le
radium lui-même, en rayons de Becquerel. Lorsque le
radium a été chauffé au rouge, il perd la plus grande
partie de son pouvoir d'activation; autrement dit, le débit
d'émanation à l'extérieur est diminué. Par suite, la proportion d'émanation utilisée dans le radium lui-même doit
être plus forte, et le produit atteint une radioactivité
limite plus élevée.

On peut se proposer d'établir théoriquement la loi de
l'augmentation de l'activité d'un sel radifère solide qui a
été dissous ou qui a été chauffé. Nous admettrons que
l'intensité du rayonnement du radium est, à chaque instant, proportionnelle à la quantité d'émanation q présente dans le radium. Nous savons que l'émanation se
détruit spontanément suivant une loi telle que l'on ait, à
chaque instant,

$$(1) \qquad q = q_0 e^{-\frac{t}{\theta}},$$

q_0 étant la quantité d'émanation à l'origine du temps, et
θ la constante de temps égale à $4,97 \times 10^5$ sec.

Soit, d'autre part, Δ le débit d'émanation fourni par le
radium, quantité que je supposerai constante. Voyons ce
qui se passerait, s'il ne s'échappait pas d'émanation dans
l'espace ambiant. L'émanation produite serait alors entièrement utilisée dans le radium pour y produire le rayonnement. On a d'ailleurs, d'après la formule (1),

$$\frac{dq}{dt} = -\frac{q_0}{\theta} e^{-\frac{t}{\theta}} = -\frac{q}{\theta},$$

et, par suite, à l'état d'équilibre, le radium contiendrait

C.

146 M. Curie.

une certaine quantité d'émanation Q telle que l'on ait

$$(2) \qquad \Delta = \frac{Q}{\theta},$$

et le rayonnement du radium serait alors proportionnel à Q.

Supposons qu'on mette le radium dans des conditions où il perd de l'émanation au dehors; c'est ce que l'on peut obtenir en dissolvant le composé radifère ou en le chauffant. L'équilibre sera troublé et l'activité du radium diminuera. Mais aussitôt que la cause de la perte d'émanation a été supprimée (le corps est revenu à l'état solide, ou bien on a cessé de chauffer), l'émanation s'accumule à nouveau dans le radium, et nous avons une période, pendant laquelle le débit Δ l'emporte sur la vitesse de destruction $\frac{q}{\theta}$. On a alors

$$\frac{dq}{dt} = \Delta - \frac{q}{\theta} = \frac{Q-q}{\theta}$$

d'où

$$\frac{d}{dt}(Q-q) = -\frac{Q-q}{\theta},$$

$$(3) \qquad Q - q = (Q - q_0)e^{-\frac{t}{\theta}}$$

q_0 étant la quantité d'émanation présente dans le radium au temps $t = 0$.

D'après la formule (3) l'excès de la quantité d'émanation Q que le radium contient à l'état d'équilibre sur la quantité q qu'il contient à un moment donné, décroît en fonction du temps suivant une loi exponentielle qui est la loi même de la disparition spontanée de l'émanation. Le rayonnement du radium étant d'ailleurs proportionnel à la quantité d'émanation, l'excès de l'intensité du rayonnement limite sur l'intensité actuelle doit décroître en fonction du temps suivant cette même loi ; cet excès doit donc diminuer de moitié en 4 jours environ.

La théorie qui précède est incomplète, puisqu'on a négligé la perte d'émanation par débit à l'extérieur. Il est, d'ailleurs, difficile de savoir comment celle-ci intervient en fonction du temps. En comparant les résultats de l'expérience à ceux de cette théorie incomplète, on ne trouve pas un accord satisfaisant; on retire cependant la conviction que la théorie en question contient une part de vérité. La loi d'après laquelle l'excès de l'activité limite sur l'activité actuelle diminue de moitié en 4 jours représente, avec une certaine approximation, la marche de la reprise d'activité après chauffe pendant une dizaine de jours. Dans le cas de la reprise d'activité après dissolution cette même loi semble convenir à peu près pendant une certaine période de temps, qui commence deux ou trois jours après la dessiccation du produit et se poursuit pendant 10 à 15 jours. Les phénomènes sont d'ailleurs complexes; la théorie indiquée n'explique pas pourquoi les rayons pénétrants sont supprimés en plus forte proportion que les rayons absorbables.

NATURE ET CAUSE DES PHÉNOMÈNES DE RADIOACTIVITÉ.

Dès le début des recherches sur les corps radioactifs, et alors que les propriétés de ces corps étaient encore à peine connues, la spontanéité de leur rayonnement s'est posée comme un problème, ayant pour les physiciens le plus grand intérêt. Aujourd'hui, nous sommes plus avancés au point de vue de la connaissance des corps radioactifs, et nous savons isoler un corps radioactif d'une très grande puissance, le radium. L'utilisation des propriétés remarquables du radium a permis de faire une étude approfondie des rayons émis par les corps radioactifs; les divers groupes de rayons qui ont été étudiés jusqu'ici présentent des analogies avec les groupes de rayons qui existent dans les tubes de Crookes : rayons cathodiques, rayons Röntgen, rayons canaux. Ce sont encore les mêmes groupes de rayons que l'on retrouve dans le rayonnement secondaire produit par les rayons Röntgen ([1]), et dans le rayonnement des corps qui ont acquis la radioactivité induite.

Mais si la nature du rayonnement est actuellement mieux connue, la cause de la radioactivité spontanée reste mystérieuse, et ce phénomène est toujours pour nous une énigme et un sujet d'étonnement profond.

Les corps spontanément radioactifs, en premier lieu le radium, constituent des sources d'énergie. Le débit d'énergie auquel ils donnent lieu nous est révélé par le rayonnement de Becquerel, par les effets chimiques et lumineux et par le dégagement continu de chaleur.

On s'est souvent demandé si l'énergie est créée dans les corps radioactifs eux-mêmes ou bien si elle est empruntée par ces corps à des sources extérieures. Aucune des nombreuses hypothèses, qui résultent de ces deux manières de voir, n'a encore reçu de confirmation expérimentale.

On peut supposer que l'énergie radioactive a été emmagasinée antérieurement et qu'elle s'épuise peu à peu comme cela arrive pour une phosphorescence de très longue durée. On peut imaginer que le dégagement d'énergie radioactive correspond à une transformation de la nature même de l'atome du corps radiant qui serait en voie d'évolution; le fait que le radium dégage de la chaleur d'une manière continue plaide en faveur de cette hypothèse. On peut supposer que la transformation est

---

([1]) SAGNAC, *Thèse de doctorat.* — CURIE et SAGNAC, *Comptes rendus*, avril 1900.

accompagnée d'une perte de poids et d'une émission de particules matérielles qui constitue le rayonnement. La source d'énergie peut encore être cherchée dans l'énergie de gravitation. Enfin, on peut imaginer que l'espace est constamment traversé par des rayonnements encore inconnus qui sont arrêtés à leur passage au travers des corps radioactifs et transformés en énergie radioactive.

Bien des raisons sont à invoquer pour et contre ces diverses manières de voir, et le plus souvent les essais de vérification expérimentale des conséquences de ces hypothèses ont donné des résultats négatifs. L'énergie radioactive de l'uranium et du radium ne semble pas jusqu'ici s'épuiser ni même éprouver une variation appréciable avec le temps. Demarçay a examiné au spectroscope un échantillon de chlorure de radium pur à 5 mois d'intervalle; il n'a observé aucun changement dans le spectre au bout de ces 5 mois. La raie principale du baryum qui se voyait dans le spectre et indiquait la présence du baryum à l'état de trace, ne s'était pas renforcée pendant l'intervalle de temps considéré; le radium ne s'était donc pas transformé en baryum d'une manière sensible.

Les variations de poids signalées par M. Heydweiller pour les composés de radium ([1]) ne peuvent pas encore être considérées comme un fait établi.

MM. Elster et Geitel ont trouvé que la radioactivité de l'uranium n'est pas changée au fond d'un puits de mine de 850^m de profondeur; une couche de terre de cette épaisseur ne modifierait donc pas le rayonnement primaire hypothétique qui provoquerait la radioactivité de l'uranium.

Nous avons mesuré la radioactivité de l'uranium à midi et à minuit, pensant que si le rayonnement primaire hy-

____

([1]) HEYDWEILLER, *Physik. Zeitschr.*, octobre 1902.

pothétique avait sa source dans le soleil, il pourrait être
en partie absorbé en traversant la terre. L'expérience n'a
donné aucune différence pour les deux mesures.

Les recherches les plus récentes sont favorables à l'hypothèse d'une transformation atomique du radium. Cette
hypothèse a été émise dès le début des recherches sur la
radioactivité (¹); elle a été franchement adoptée par
M. Rutherford qui a admis que l'émanation du radium est
un gaz matériel qui est un des produits de la désagréga-
tion de l'atome du radium (²). Les expériences récentes de
MM. Ramsay et Soddy tendent à prouver que l'émanation
est un gaz instable qui se détruit en donnant lieu à une production d'hélium. D'autre part, le débit continu de chaleur fourni par le radium ne saurait s'expliquer par une
réaction chimique ordinaire, mais pourrait peut-être
avoir son origine dans une transformation de l'atome.

Rappelons enfin que les substances radioactives nouvelles se trouvent toujours dans les minerais d'urane; nous
avons vainement cherché du radium dans le baryum du
commerce (*voir* page 46). La présence du radium semble
donc liée à celle de l'uranium. Les minerais d'urane contiennent d'ailleurs de l'argon et de l'hélium, et cette coïn-
cidence n'est probablement pas non plus due au hasard.
La présence simultanée de ces divers corps dans les
mêmes minerais fait songer que la présence des uns est
peut-être nécessaire pour la formation des autres.

Il est toutefois nécessaire de remarquer que les faits
qui viennent à l'appui de l'idée d'une transformation atomique du radium peuvent aussi recevoir une interprétation différente. Au lieu d'admettre que l'atome de radium
se transforme, on pourrait admettre que cet atome est lui-
même stable, mais qu'il agit sur le milieu qui l'entoure

(¹) Mᵐᵉ CURIE, *Revue générale des Sciences,* 30 janvier 1899.
(²) RUTHERFORD et SODDY, *Phil. Mag.,* mai 1903.

(atomes matériels voisins ou éther du vide), de manière à donner lieu à des transformations atomiques. Cette hypothèse conduit tout aussi bien à admettre la possibilité de la transformation des éléments, mais le radium lui-même ne serait plus alors un élément en voie de destruction.

FIN.

TABLE DES MATIÈRES.

IV. — *La radioactivité induite.*

FIN DE LA TABLE DES MATIÈRES.

PARIS. — IMPRIMERIE GAUTHIER-VILLARS.

34200   Quai des Grands-Augustins, 55.

9 782329 061603